Chez Frémeaux & Associés :

FA5202
Coffret 2 CD

« Lorsqu'il publie Le Contrat naturel (éditions François Bourin, 1990), Michel Serres fait plus qu'exprimer un état de sa recherche philosophique. En intellectuel, il s'engage au cœur même d'une question fondamentale pour l'avenir de l'humanité : le souci écologique. Quelles sont les limites de la planète terre ? Quels sont les devoirs des civilisations modernes envers elle ? Y a-t-il une fin de la nature prévisible ou prévue ?
À la croisée des chemins entre sciences humaines, sciences dures et droit, les thèses de Michel Serres ont eu nombre de résonances dans les débats et les institutions internationales chargées de la question écologique, et ont évolué dans un aller-retour permanent avec l'actualité.
Revu en 1992 pour une réédition chez Flammarion à l'occasion de la conférence de Rio et de l'appel d'Heidelberg, Le Contrat naturel est en réalité l'objet d'une actualisation permanente, véritable « work in progress » du philosophe.

**Patrick Frémeaux**

# La coviabilité socio-écologique

## Réponses aux urgences bio-climatiques

FRÉMEAUX & ASSOCIÉS

Chez le même éditeur :

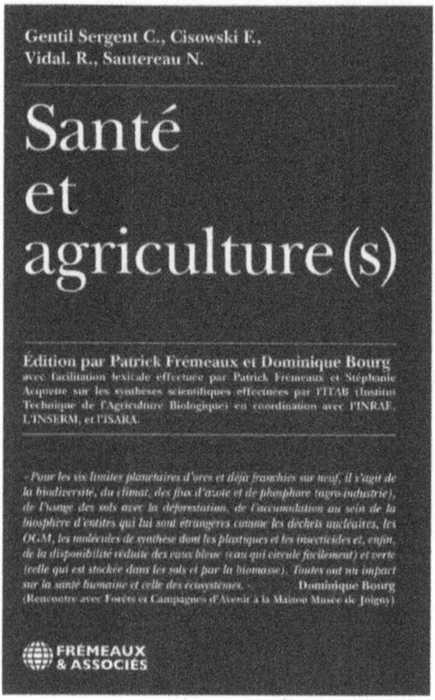


FAL3265
Livre 200 pages

« Pour les six limites planétaires d'ores et déjà franchies sur neuf, il s'agit de la biodiversité, du climat, des flux d'azote et de phosphore (agro-industrie), de l'usage des sols avec la déforestation, de l'accumulation au sein de la biosphère d'entités qui lui sont étrangères comme les déchets nucléaires, les OGM, les molécules de synthèse dont les plastiques et les insecticides et, enfin, de la disponibilité réduite des eaux bleue (eau qui circule facilement) et verte (celle qui est stockée dans les sols et par la biomasse). Toutes ont un impact sur la santé humaine et celle des écosystèmes. »

**Dominique Bourg**
(Rencontre avec Forêts et Campagnes d'Avenir à la Maison musée de Joigny)

Cet ouvrage, dirigé par Natacha Sautereau (ITAB) en collaboration avec l'INRAE et l'INSERM, synthétise 290 études scientifiques sur les impacts de l'agriculture biologique sur la santé, en comparaison avec l'agriculture conventionnelle. Il explore ses effets sur les professionnels du secteur, les riverains, les enfants et la population générale, en lien avec la consommation de produits bio. Enrichi d'un glossaire, d'une bibliographie sélective et d'un bas de page lexical de 260 termes, ce travail constitue une référence sur les externalités de l'agriculture biologique et la santé humaine.

**Patrick Frémeaux**

# Sommaire

Nous cheminons en équilibre sur une ligne de crête entre animalité et humanité, entre nature et culture, entre le sauvage et le civilisé. Il n'y a pas de choix à faire. Cette ligne de crête ne doit pas être une barrière mais une passerelle entre les mondes.
Pour atteindre la coviabilité entre humains et non humains, il est essentiel de changer notre regard sur ceux qui nous entourent. La coviabilité, c'est accepter la part du Sauvage dans notre monde civilisé, c'est lui laisser plus de place. La coviabilité, c'est entrer en reliance avec les semblables différents pour les comprendre et les respecter, en gardant à l'esprit que nous partageons tous la même Terre, que nous venons tous de la même mère et que nous sommes tous animés par le désir de vivre. La coviabilité, c'est concevoir l'hybridité des mondes, c'est être à l'écoute du Vivant pour nourrir notre intelligence humaine.

**Prospérine, écrivaine rebelle de la modernité**
**Le Pont-de-Montvert, Sud mont Lozère, France**

ISBN 978-2-38283-235-6
Dépôt légal avril 2025

20 rue Robert Giraudineau, 94300 Vincennes, France
www.fremeaux.com

Olivier Barrière

Isamu Reuter, Catherine Barrière, Ioan Robin

# La coviabilité socio-écologique

## Réponses aux urgences bio-climatiques

**Olivier Barrière** Juriste de l'environnement-anthropologue du droit (chercheur HDR de l'IRD) et apiculteur. Spécialiste de la question foncière et du rapport au Vivant par la régulation juridique écologique sur le fondement de la coviabilité socio-écologique. Il a travaillé auprès de nombreuses populations au Sud (Afrique, Maroc, Indonésie, Brésil, Nouvelle-Calédonie et en Cévennes/France).

**Isamu Reuter** est développeur informatique dans le domaine web. Concerné par le développement de l'informatique dans la société et ses impacts écologiques, Isamu s'efforce d'apporter une contribution à l'amélioration de notre façon de vivre avec le Vivant.

**Catherine Barrière** est docteure en anthropologie culturelle et conceptrice d'approches transculturelles en anthropologie de l'environnement sur des terrains africains. Médiatrice culturelle au sein de l'association Passeurs de cultures, passeurs d'images en Occitanie (France).

**Ioan Robin** rédige une thèse sur la relation au Vivant et le droit de la coviabilité socio-écologique dans les Cévennes (France) et sur l'île Komodo (Indonésie). Il est impliqué dans le collectif de designers Zoepolis.

Avec la participation de 63 contributeurs de quatre continents (par ordre du livre) :

**Prospérine**
Écrivaine cévenole, Le Pont-de-Montvert, sud mont Lozère (France)

**Patrick Frémeaux** Gérant du Groupement forestier et rural de protection du vivant « Forêts et Campagnes d'Avenir » et Éditions Frémeaux & Associés. Bailleur social (SCI Frémeaux Colombini – AIVS Le Prado) (France)

**Fabrice Zoéwendsaongo Ouédraogo** Docteur juriste-anthropologue, Attaché de recherche au Centre National de Recherche Scientifique et Technologique/Institut des Sciences des Sociétés (Burkina Faso)

**Julien Vey** Designer et président de l'Institut Supérieur de Design de Saint-Malo (France)

**Arturo Escobar** Anthropologue américano-colombien et professeur émérite d'anthropologie à l'université de Caroline du Nord à Chapel Hill (Colombie)

**Dominique Bourg** Professeur honoraire à l'université de Lausanne (Suisse)

**Christine Ambard** Sociologue – Laboratoire d'anthropologie des enjeux contemporains Ladec Lyon 2 (France)

**Lucas Lartigue** Anthropologue au Laboratoire d'anthropologie des enjeux contemporains (Ladec), Université Lumière Lyon 2 (France)

**Laurent Testot** Essayiste et journaliste scientifique, auteur de Vortex, Faire face à l'Anthropocène, Payot, 2023 (France)

**Jacques-Olivier Garda**
Chef d'entreprise in-terre-dépendant (« dépendance les uns aux autres »), Gérant d'Innov'Active (conseils aux entreprises en marketing gestion et innovation) (France)

**Philippe Henry** photographe et réalisateur de documentaires animaliers (Canada) https://www.philippe-henry.com

**Azmi Zaki Waliudin Althaf** et **Bagas Satya Pradipta** Chercheur en biotechnologie, Universitas Gadjah Mada (UGM), Yogyakarta (Indonesia) ; Chercheur en UX, Yogyakarta (Indonesia)

**Alice Brites Osorio de Oliveira** Docteure en Droit (anthropologie juridique / Histoire du droit) de l'Université de Limoges (Brésil)

**Ben Anthoy Moussa** et **Tsira Mohamed Mindhiri** Directeur Technique du Parc National de Mwali ; Gestionnaire de la réserve de biosphère de Mwali (Mohéli/Comores)

**Nicholas Henderson** Designer, éthologue et élève maraîcher (France)

**Muhammad Nur Faiz Mahfudz** One Health Collaborating Center Universitas Gadjah Mada (Indonesia)

**Nicolas Roesch** Designer, chercheur indépendant, Fondateur de Zoepolis (France) https://zoepolis.com/

**Rafael Luís Galdini Raimundo** Docteur en écologie, enseignant au Centre des sciences appliquées et de l'éducation, Université fédérale de Paraíba, Rio Tinto, Paraíba. Co-coordinateur du laboratoire international IDEAL (International Joint Sustainability Laboratory), https://ideal.ufpb.br (Brésil)

**Eric Chenin** Ingénieur de recherche IRD, Unité de Modélisation Mathématique et Informatique des Systèmes Complexes (UMMISCO) (France)

**Claire Depardieu**, Chercheuse à l'Université Laval (Canada)

**Philippe Rozenberg**, Directeur de recherche en sciences forestières, INRAE (Institut National de la Recherche pour l'Alimentation et l'Environnement, France)

**Romain Pinel** Docteur en sociologie de l'environnement, IRD/UMR Espace-Dev (France)

**Laure Berti-Equille** Directrice de recherche en Informatique, IRD UMR Espace-Dev (France)

**Yohanes Purwanto** Professor on Ethnobiology, Research Center for Ecology and Ethnobiology
National Research and Innovation Agency / BRIN (Badan Riset dan Inovasi Nasional) (Indonesia)

**Benjamin Sultan** Climatologue IRD-UMR Espace-Dev (France)

**Gilbert David** et **Nassim Said Abdallah** Directeur de recherche en géographie de l'IRD, UMR Espace-Dev ; Doctorant en géographie, Université de La Réunion, UMR Espace-Dev (France)

**Munkhbat Tserendorj** Executive Director at Khomyn Talyn Takhi NGO Khomyn Tal National Project Technical Director Ulaanbaatar (Mongolie)

**Henri Clément** Apiculteur professionnel cévenol, porte-parole de l'Union Nationale de l'Apiculture Française (UNAF). (France)

**Wapu Samaki** Prêtre (République démocratique du Congo) et doctorant Juriste de l'Université de Limoges

**Entente interdépartementale Causses Cévennes** (France)
Site inscrit au Patrimoine commun de l'humanité pour ses paysages agropastoraux vivants

**Camille Hue** Photographe et Designer graphique (France)
www.camillehue.com

**Jeki** Guide naturaliste, habitant du village Komodo, (Parc National Komodo / Réserve de biosphère Unesco-Mab) (Indonésie)

**Isabelle Alvarez, Sophie Martin, Alain Rapaport, Rodolphe Sabatier** Animateurs du réseau Viabilité d'INRAE (Institut National de la Recherche pour l'Alimentation et l'Environnement), Informatique, Intelligence artificielle, Mathématiques (France)

**Voyner Ravena-Canete** et **Catherine Prost** Professeure et chercheuse en Anthropologie, Université Fédérale du Pará, Brésil ; Professeure et chercheuse en géographie à l'Université Fédérale de Bahia (UFBA), (Brésil)

**Danilo Sato**, doctorant en Géographie Humaine de l'Université de São Paulo (USP), (Brésil)

**Yara Maria Chagas de Carvalho**, PhD Economics (docteur en économie), Focal point at Brazilian Net of Biosphere Reserves – RBR, (Brésil)

**Alexandre Monnin** Philosophe, directeur du Master of science « Stratégie & Design pour l'Anthropocène » : https://strategy-design-anthropocene.org/fr/msc-strategy-and-design-for-the-anthropocene, (France)

**Séverine Carrez** Médiatrice en négociation écologique, Formatrice, Chercheure (Docteure en droit) et Présidente de l'Institut International pour la Négociation Écologique (INNE), (France)

**Thibault Catry, Renaud Hostache, Gwenaelle Pennober et Jean-François Faure** Équipe Strong de IRD/UMR Espace-Dev, Séries Temporelles de données Radar et Optique pour des chaînes de traitement Génériques (France)

**David Williamson** (Centre d'Études et de Recherches de Djibouti – CERD –, Djibouti ; UMR Espace-Dev, Institut de Recherche pour le Développement – IRD) (France)

**Christine Omuombo** (Technical University of Kenya, Nairobi, (Kenya)

**Osman Awaleh** (Institut des Sciences de la Terre, CERD) (Djibouti)

**Amos Majule** (Institute of Resource Assessment, University of Dar es Salaam, Dar es Salaam) (Tanzania)

**Pierre-Etienne Mathé** (Centre Européen de Recherches et d'Enseignement en Géosciences de l'Environnement, Aix-Marseille Université, Aix-en-Provence) (France)

**Omar Assowe Dabar** (Observatoire Régional de Recherche sur l'Environnement et le Climat – ORREC –, CERD) (Djibouti)

**Juliana Prosperi** (UMR AMAP, Centre International de Recherche Agronomique pour le Développement – CIRAD –, Montpellier) (France)

**Jalludin Mohamed** (Centre d'Études et de Recherches de Djibouti – CERD) (Djibouti)

**Léna Barrière** Avocate au Barreau de Montréal, spécialiste droit criminel et droit animalier (Canada)

**Agnes Michelot** Maître de conférences HDR en droit public : Université La Rochelle (France)

**Pierre Trendel** Formateur et designer spécialistes des problématiques de pédagogie numérique (France)

**Alexandre Zabalza** Professeur Droit privé et sciences criminelles, Directeur du Centre de Philosophie du droit : Université de Bordeaux/ Faculté de droit et science politique (France)

**Comité éditorial :** Patrick Frémeaux et Claude Colombini
avec l'aide de Dominique Bourg et Hélène Nogues-Brunet.
Équipe édition : Lola Caul-Futy, Augustin Bondoux,
Christophe Lointier, Paulo Martins
Photo de couverture : Frémeaux & Associés

**Remerciements éditeur :**
Nadine Le Moing de Ecologeek et Forêts et Campagnes d'Avenir,
Allain Bougrain-Dubourg, Julien Dossier,
Pablo Servigne, Michel Serres, Edgar Morin et Isabelle Delannoy.

**Remerciements auteurs :**
Cet ouvrage est le fruit d'années de travaux et de collaborations
jusqu'au Programme international Covpath[1]
(soutenu par le Belmont Forum[2]) (2022-2023)
avec l'ANR (Agence – française – Nationale de la Recherche),
l'IRD (AllEnvi – Alliance française pour la recherche
environnementale[3]) et Future Earth[4] ; et également
dans le cadre du programme « Construire du Commun
par un Pacte territorial pour une transition agroécologique
par une coviabilité socio-écologique » (AGROECOV)
soutenu par la Fondation de France depuis 2022.
Cet ouvrage a mobilisé un grand nombre de partenaires du Sud
et du Nord autour de l'Unité Mixte de Recherche Espace-Dev[5],
de l'Institut de Recherche pour le Développement (IRD) (France).
Sont remerciées toutes ces institutions avec tous les intervenants (63)
à cet ouvrage répartis sur quatre continents,
dans le cadre d'un vrai partenariat
autour de la voie de la coviabilité socio-écologique.

La totalité des droits d'auteur de cet ouvrage est versé à l'association
« COVIABILITÉ POUR RENOUER AVEC LE VIVANT »
déclarée à la sous-préfecture de Florac sous le numéro W481004229

---

1. La voie de la coviabilité, un nouveau cadre pour relier l'humanité à la biosphère / Coviability Path, a new framework to sustainably link mankind and biosphere (Covpath).

2. https://www.belmontforum.org

3. https://www.allenvi.fr

4. Future Earth est un réseau mondial de scientifiques, de chercheurs et d'innovateurs qui collaborent pour une planète plus durable (https://futureearth.org).

5. https://www.espace-dev.fr

## Note de Patrick Frémeaux[1] :

Les urgences écologiques contraignent à s'interroger sur ce qu'il faut faire, comment répondre au changement climatique, à l'effondrement de la biodiversité, à la finitude des ressources, à l'essor de la pollution… La réponse repose sur la relation que les sociétés humaines entretiennent avec le Vivant qui les entoure et dans lequel elles sont intégrées. Par une mobilisation d'acteurs recouvrant un grand nombre de disciplines à travers le monde, cet ouvrage met en lumière une perspective fondée sur l'interdépendance de la viabilité des groupes sociaux (humains) avec les écosystèmes (non-humains). Olivier Barrière et son unité de l'institut de recherche pour le développement font ici émerger le concept de coviabilité socio-écologique comme une voie nouvelle pour assurer un futur aux sociétés humaines en renouant avec le Vivant. La base théorique explicitée s'ouvre rapidement sur une mise en œuvre, permettant de passer à l'action pour parvenir à une viabilité conjointe, ou coviabilité, entre les sociétés humaines et les écosystèmes.

Mais la coviabilité n'est-elle rien d'autre que l'écologie déjà définie par Ernst Haeckel en 1866 comme

1. Éditeur de sciences et philosophies des écosystèmes, Bailleur social, et Gérant du groupement forestier et rural de protection du vivant « Forêts et Campagnes d'Avenir ».

une science ayant pour objet l'étude des relations des êtres vivants (animaux, végétaux, micro-organismes) avec leur environnement, ainsi qu'avec les autres êtres vivants[2]. Dans son ouvrage « Morphologie générale des organismes », il désignait par ce terme « la science des relations des organismes avec le monde environnant, c'est-à-dire, dans un sens large, la science des conditions d'existence »[3].

La coviabilité socio-écologique n'est pas que l'écologie car depuis Lucrèce[4], et même précédemment depuis la ligne des penseurs Grecs ; Socrate, Platon,

2. 

FA5543

**« La Pensée Écologique – Histoire philosophique du rapport de l'Homme à la Nature » par Gregory Quenet** (Frémeaux & Associés – PUF Presses Universitaires de France).

3. Les interactions des êtres vivants déterminent la distribution et l'abondance des organismes vivants sur Terre. Ainsi, en science, l'écologie est souvent classée dans le champ de la biologie qui étudie deux grands ensembles : celui des êtres vivants (biocénose) et le milieu physique (biotope), le tout formant l'écosystème.

4. 

FA8140

**« La naissance des choses » par Lucrèce, traduction de Bernard Combeaud.** Ce texte fondateur du philosophe qui regroupe poésie et philosophie se présente comme une tentative de « briser les forts verrous des portes de la nature », c'est-à-dire de révéler au lecteur

Aristote, Épicure, eux-mêmes héritiers de Thalès, Pythagore, Héraclite et Parménide, et même les textes d'Homère posent pour principe la domination de la nature par l'homme comme condition d'existence de l'homme.

Après 2 800 ans de ce dogme bétonnant, comment admettre l'inverse ? Par exemple admettre que notre agriculture dépendrait de la biodiversité !

Les preuves scientifiques s'accumulent depuis la fin du 19e ; Arrhenius, le scientifique suédois qui démontrent en 1896 que la combustion des fossiles avait un effet de réchauffement et que la révolution industrielle pouvait modifier l'effet de serre, le rapport de Meadows de 1972, « Le contrat naturel » de Michel Serres de 1990[5], « Effondrement » de Jared Diamond en

la nature du monde et des phénomènes naturels. (Édition Frémeaux – Mollat).

5. 

FA5202

La nature peut-elle être un sujet de droit ? De maîtres et possesseurs, nous l'avons réduite à un objet, bien qu'elle nous accueille et nous fasse vivre. En la mettant en danger, nous nous mettons nous-mêmes en péril. Selon Michel Serres, cette interdépendance exige un « contrat naturel » : un pacte juridique octroyant une dignité à la nature et définissant les devoirs de l'humanité envers elle, pour clore la guerre que nous lui menons. Alors que le GIEC reçoit le Prix Nobel, je demande à **Michel Serres** en 1997 de revenir sur ce propos précurseur et nous éditerons avec la BNF « **Le retour au contrat naturel** » en 1998 (Frémeaux & Associés).

2005[6], le risque systémique d'emballement dû à plusieurs paramètres dans le « Comment tout peut s'effondrer » de Pablo Servigne et Raphael Stevens en 2015 (et remis à jour en 2021 chez Frémeaux)[7]. Et pourtant comme le résume le philosophe de l'environnement Dominique Bourg « Au début des années 2000, malgré toutes les alertes écologiques, nous nous étonnions de ne pas croire

---

6. 

FA5877

Jared Diamond conclut qu'aucun effondrement de société n'est dû aux seuls dommages écologiques. Cinq facteurs interagissent : environnement, climat, voisins hostiles, dépendances commerciales et réponses culturelles. Cette complexité suggère que la dégradation environnementale actuelle n'est pas inéluctable. Jared Diamond rappelle l'inventeur de la sociologie et des théories de fin de civilisation **Ibn Khaldoun** qui arrivait déjà aux mêmes conclusions au milieu du 14e siècle. (**Gabriel Martinez-Gros** chez Frémeaux – Grande Mosquée de Paris).

7. 

FA5803

La collapsologie n'est pas une prédiction messianique mais « L'exercice transdisciplinaire d'étude de l'effondrement de notre civilisation thermo-industrielle, et de ce qui pourrait lui succéder, en s'appuyant sur les deux modes cognitifs que sont la raison et l'intuition, et sur les travaux scientifiques connus », *dixit* **Raphael Stevens et Pablo Servigne. Comment tout peut s'effondrer**, démontre la vulnérabilité de nos sociétés et le risque systémique de leur effondrement possible. Car aujourd'hui, l'utopie a changé de camp. Est utopiste celui qui croit que tout peut continuer comme avant. (Éditions Frémeaux & Associés – Le Seuil)

ce que nous savions. Le troisième (2001) puis quatrième (2007) rapports du GIEC nous permettaient alors de prendre conscience de l'existence d'un risque climatique majeur, et donc de la nécessité de réduire à l'amont nos émissions de gaz à effet de serre. Nous n'en avons rien fait. [...] *Or, la réalité n'a que faire des illusions de l'opinion ou des lâchetés des décideurs. Le dérèglement s'emballe. Il convient de parler non plus de réchauffement, mais d'un « effondrement climatique* » (Antonio Guterres, Secrétaire Général des Nations Unies : « Climate breakdown has begun »).

Dominique Bourg, qui s'est essayé à la politique comme représentant d'un des partis écologistes écrira et enregistrera « Globalisation contre souveraineté politique, l'humanité peut-elle survivre à sa quête de puissance ? » où il pose la question de l'absence de souveraineté pour entamer une politique salvatrice[8].

8. 

FA5831

Poser la question de la transformation écologique de nos sociétés dans une économie globalisée où règne l'idéologie néolibérale, c'est aussi se poser la question de la souveraineté. Dominique Bourg, philosophe spécialiste des questions environnementales, professeur à l'université de Lausanne et citoyen engagé développe cette notion en effectuant une vaste enquête qui commence au Néolithique, examine l'émergence des États, l'essor des techniques ou la naissance de la philosophie en convoquant des anthropologues comme James C. Scott, Pierre Clastres ou David Graeber. Il nous propose une approche philosophique originale et riche d'exemples où l'idéologie du Progrès est soumise à une expertise critique. L'auteur trace, depuis la longue histoire entre l'humain

Travail complété avec « La biodiversité, une nécessité pour l'humain ? » où le philosophe de l'environnement échange avec Luc Abbadie, chercheur sur les interactions entre biodiversité, cycles biogéochimiques et fonctionnement des écosystèmes, et Denis Couvet, Président de la Fondation pour la recherche sur la biodiversité[9].

Dans leur ouvrage « Prière de laisser votre écosystème moins absurde que vous l'avez trouvé – Réflexions sur notre (r)apport au vivant et au social » chez Payot, Fabrice Cavarretta et Eric Lenoir invitent à penser « écologiquement » dans tous nos écosystèmes, en comparant l'action du jardinier à celle du manager ou du dirigeant politique. L'humain domine la nature comme il domine ses semblables : observer les réactions des écosystèmes

---

et son environnement, une voie pour l'écologie, résolument politique. (Frémeaux & Associés).

9. 

FA5858

**La biodiversité**
Conjuguant leurs spécialités respectives, ils nous proposent ici un exposé de la question du vivant et de sa diversité intrinsèque.
À partir des aspects historiques et de nos connaissances en matière de biodiversité aujourd'hui, ils font un état des lieux de l'évolution prévisible, dans les prochaines décennies, du vivant sur Terre et pointent l'inadéquation entre le temps naturel d'adaptation des écosystèmes et la vitesse de destruction dont est capable l'humanité.
Les deux écologues apportent la neutralité scientifique nécessaire pour une bonne compréhension des causes des dégradations de la biodiversité. (Éditions Frémeaux – Forêts et Campagnes d'Avenir – PUF)

naturels à ses interventions peut inspirer les écosystèmes sociaux, et inversement.

Le droit contient les mêmes blocages culturels pour mettre l'homme à égalité avec son biotope ; « L'appréhension du monde par le droit est binaire. Banalement, mais fondamentalement binaire : d'un côté, les personnes ; de l'autre, les choses. Et tout ce qui n'est pas une personne est nécessairement une chose, chaque qualification appelant un statut juridique différent. » Constate Philippe Billet[10].

---

10. 

FAL3255

**(Re) penser les rapports de l'homme à son environnement par Philippe Billet** (Directeur de l'IDE Institut de droit de l'environnement de Lyon). Le droit, discipline fondamentale, établit les règles qui traduisent nos idéaux éthiques en normes, l'égalité en droit étant au cœur de la défense de l'inclusion sous toutes ses formes : castes, genres, couleurs de peau, orientation sexuelle, ou handicap. Fruit d'un long cheminement historique, il incarne l'empathie nécessaire pour pacifier nos relations et tempérer les excès d'une quête effrénée de croissance face à la réalité de nos besoins et des ressources limitées. Ces ressources, perçues comme des entités à part entière, appellent à une reconnaissance de leur statut et de leur intérêt collectif, au-delà de leur monétisation ou appropriation individuelle. Cette perspective invite à concevoir des paradigmes nouveaux, fondés sur l'humilité de l'homme au sein de son écosystème. Dans cet ouvrage, Philippe Billet, chercheur sur la personnification juridique de la nature et la protection juridique

Dans « Designer pour un monde vivant » (à paraître chez Frémeaux & Associés), Nicolas Roesch, par ailleurs contributeur de ce livre, défend une nouvelle conception de l'interdépendance entre l'humain et la biodiversité, dans le même esprit que celui de Sylvie Delannoy, théoricienne de l'économie symbiotique. (Actes Sud). En effet, au-delà de l'inspiration que l'on peut tirer du vivant, Aldo Leopold affirme qu'un projet écologique cohérent nécessite de « penser comme une montagne », comme il le développe dans son essai L'Almanach du comté de sable. Dans cette perspective, les recherches menées par Nicolas Roesch défendent une nouvelle conception de l'interdépendance entre l'humain et la biodiversité. En effet, comme l'ont démontré Lynn Margulis et de nombreux biologistes, aucun être vivant ne peut revendiquer à lui seul le fait de vivre. En intégrant les organisations humaines dans la biodiversité, Roesch propose d'utiliser le design et les disciplines associées pour tisser des liens entre nos façons d'habiter et les autres formes de vie. Ainsi, nos interdépendances et les modes de vie d'autres êtres vivants constituent des perspectives pour interroger nos modes de vie, nos organisations et nos façons d'habiter nos territoires. Les nouvelles relations entre humains et non-humains qui en découlent offrent à la fois l'opportunité de construire une coviabilité socio-écologique et d'élaborer des liens, des « contrats naturels » chers à Michel Serres, pour

de la biodiversité, propose une réflexion philosophique sur le rôle du droit en tant que protecteur de l'humanité face à ses propres excès. Patrick Frémeaux (Éditions Frémeaux – Forêts et Campagnes d'Avenir).

envisager de nouvelles façons de vivre ensemble sur notre planète.

Enfin le social exige de l'humain de revoir sa conception du et des commun(s), pour créer de la coopération comme dans la pensée de Sandrine Frémeaux (« L'entreprise et le bien commun » chez Nouvelle Cité – Grace), ou la maîtrise des conflits comme dans le dernier livre d'Édouard Jourdain (Frémeaux & Associés)[11].

Sandrine Frémeaux met en lumière l'importance des communs – ces ressources partagées, matérielles

11. 

FAL3200

**Maîtriser les conflits par les communs d'Édouard Jourdain.** Par son analyse approfondie des méthodes de prospective appliquées à la prévention des conflits, Édouard Jourdain pointe les faiblesses de la discipline académique et pratique depuis ses origines avec Gaston Berger, après la Seconde Guerre mondiale, jusqu'aux approches modernes. Illustrant les échecs fréquents des prédictions dans ce domaine, notamment avec Lawrence Freedman, Édouard Jourdain met en lumière leurs insuffisances et développe une nouvelle approche par les communs, fondée sur l'intelligence collective et un renouvellement de la notion de démocratie. Offrant une perspective critique sur les capacités d'anticipation et de sortie de guerre, cet ouvrage constitue une réflexion cruciale pour tous les esprits concernés par les enjeux politiques de demain (Éditions Frémeaux & Associés).

ou immatérielles, qui échappent aux logiques purement marchandes et étatiques. Dans ses travaux, elle souligne comment la coopération, la responsabilité partagée et la participation démocratique peuvent améliorer la gouvernance de ces ressources, qu'elles soient naturelles, culturelles ou sociales. Selon elle, les communs offrent un espace privilégié pour réinventer notre rapport à l'économie et à la société, en plaçant la durabilité et la solidarité au cœur des pratiques collectives. Ainsi, sa réflexion interroge la place du marché et de l'État, et défend la pluralité des modes d'organisation pour répondre aux défis écologiques et sociaux contemporains.

Cette problématique de réunir social et écologique est le quotidien du dirigeant, qu'il soit entrepreneur ou politique. D'un côté la loi ; la Responsabilité Sociétale des Entreprises (RSE) est définie par la commission européenne comme « l'intégration volontaire, par les entreprises, de préoccupations sociales et environnementales à leurs activités commerciales et leurs relations avec les parties prenantes », et de l'autre côté une absence de solutions.

Mon expérience de chef d'entreprises à la fois culturelles, sociales et écologiques, nourrie par mon métier d'éditeur de sciences humaines depuis plus de 25 ans, conservateur d'un fonds phonographique de disques audio naturalistes (Guides ornithologiques et paysages sonores d'écosystème), propriétaire viticole en conversion bio, bailleur social (dont l'immeuble à Bordeaux de réinsertion sociale par l'habitat géré par l'association laïque du Prado élue comme acteur de lutte contre l'exclusion sociale), et par ailleurs gérant d'un groupement forestier et rural citoyen de protection du vivant[12] est de constater que j'ai parfois des politiques qui ne répondent qu'à une seule vertu (culturelle, sociale ou écologique) et parfois aux deux objectifs et rarement aux trois. Isoler un immeuble social est un acte socio écologique, comme peut l'être l'ouverture des MCT Maisons Communes de Transitionneurs[13], la création d'un verger collectif, d'une forêt comestible devenant un commun, ou enfin d'une forêt filtrante sur un coteau entre vignes conventionnelles et habitats et vergers, agissant comme un nettoyeur partiel par phytoremédiation[14].

Le principal écueil auquel se heurte tout mode de gouvernance est l'arbitrage : d'une part, privilégier des solutions purement quantitatives, et d'autre part, opter pour des modèles généraux et normés, censés être aisément reproductibles. En réalité, les dirigeants – qu'ils officient dans un cadre privé ou public – se retrouvent face à une équation complexe, mêlant des objectifs parfois perçus comme contradictoires : créer de la richesse pour un groupe privé ou respecter un budget pour une entité publique ; cesser de viser la croissance à tout prix en tenant compte de la finitude des ressources ; réduire les pratiques extractives pour limiter l'empreinte environnementale ; tout en préservant la confiance de

12. https://www.foretscampagnesdavenir.org/

13. MCT, Maison accueillant provisoirement des urbains en recherche de milieu semi-rural avec accès aux vergers et à un écosystème social d'entraide. Projet développé avec Laure Noualhat et Armonia Pierantozzi.

14. https://www.foretscampagnesdavenir.org/foret-filtrante-joigny

leurs parties prenantes, qu'il s'agisse de clients ou de citoyens. Le livre de Laurent Testot sur l'exploitation séculaire des forêts est éclairant sur ce point[15].

De ce fait, la tentation est grande de recourir à des « recettes » générales, déjà éprouvées ailleurs, et que l'on imagine duplicables à l'infini. Or, l'ouvrage

---

15. 

FAL8965

**Les forêts par Laurent Testot**
Le groupement forestier de protection du vivant « Forêts et Campagnes d'Avenir » offre un terrain d'expériences pratiques socio-écologiques au travail théorique et scientifique des éditions Frémeaux en partenariat pour un certain nombre de publications avec La pensée écologique des Presses Universitaires de France animée par Dominique Bourg.
Dernier livre paru : Les forêts par Laurent Testot. Pour comprendre les conséquences des enjeux climatiques, et les préconisations tant pour la filière bois que pour les défenseurs de forêts sanctuarisées dont je fais partie, j'ai demandé à Laurent Testot de concevoir un livre historique et pratique sur les forêts depuis leur origine sur Terre, et ensuite plus spécifiquement sur nos forêts en France, ainsi que d'inventorier les expériences pour anticiper les forêts de demain.
Ce livre s'adresse à tous les publics soucieux de notre environnement, à l'ensemble des forestiers de l'ONF, ainsi qu'aux trois millions de propriétaires forestiers français puisque les forêts françaises sont privées à 75 %. Laurent Testot a étudié l'histoire de la relation des forêts avec le climat et son interaction avec l'homme. Il nous livre une enquête sur les nouveaux essais tentés par la recherche publique comme par les initiatives privées ou citoyennes afin de conserver et d'adapter ce bien commun.

coordonné par Olivier Barrière pour l'IRD[16] démontre, à travers de multiples cas concrets, que la voie d'avenir réside au contraire dans l'intégration et l'inventivité. Chaque situation exige une réponse singulière, co-construite avec les acteurs concernés et respectueuse des équilibres environnementaux et sociaux. L'être humain, replacé au cœur de la chaîne du vivant, se doit de repenser sa posture : au lieu de se vivre en opposition avec la nature, il doit coopérer avec elle, trouvant ainsi ce qui le légitime et le définit pleinement.

**Patrick Frémeaux**

16. L'IRD (Institut de recherche pour le développement), établissement public de recherche avec environ 2 400 agents dont 900 chercheurs et 1 300 ingénieurs et techniciens, est présent dans plus de 50 pays d'Afrique, d'Amérique latine, d'Asie et du Pacifique, et dans les Outre-mer. L'IRD défend une recherche qui bénéficie au plus grand nombre et met la science au service de l'action. Il accompagne ainsi la transformation des sociétés vers des modèles sociaux, économiques et écologiques plus justes et durables. Il contribue à renforcer la résilience des sociétés face aux bouleversements globaux. (cf. https://www.ird.fr/lird-presentation-et-historique).

# Introduction

## Itinéraire d'une aventure scientifique...

Tout a commencé sur la piste de Gao à Tombouctou au Mali juste après la Conférence des Nations Unies sur l'environnement et le développement, le Sommet Planète Terre de Rio de Janeiro en 1992. La Toyota BJ45 traversait l'espace sablonneux, jalonné de carcasses blanchies de ruminants en fin d'existence. Il se passait quelque chose, comme nous l'avait révélé en toute confidence le vieux Jowro de Wuro Neema après le premier verre de thé, le plus âpre à avaler ; quelque chose d'insaisissable... Le maître des pâturages nous diffusait son inquiétude vis-à-vis de la pression qui s'exerçait sur les bourgoutières, ces pâturages précieux inondés par le fleuve Niger en plein Sahel.

Plusieurs années d'étude passées auprès des populations de ce delta central du fleuve Niger, recélant d'immenses ressources naturelles partagées autour d'un spot de biodiversité, nous ont conduits, Catherine et moi-même, à nous focaliser sur les relations au Vivant. Se dessinaient dès lors pour nous les premières clefs d'analyse de ce qui conditionne l'avenir même des groupes sociaux. S'ancrait en nous la conviction que leur existence allait dépendre de leurs façons d'habiter et de partager avec les autres populations rimaibe, somono, bozo, leurs espaces de vie[1].

En approfondissant nos observations durant de longs séjours sur le terrain, une porte essentielle s'est ouverte, celle qui donne sur l'invisible... Elle nous a donné à comprendre, dans le cadre d'un travail de thèse en anthropologie religieuse[2], que dans les sociétés africaines, le rapport de l'homme à son milieu Vivant est presque toujours dépendant d'un rapport à des puissances invisibles : *presque partout, on se trouve devant une sorte d'impossibilité de concevoir la nature sans les puissances invisibles qui y demeurent : tout lieu est présenté comme habité par des êtres invisibles qui seraient apparus antérieurement à toute présence humaine et qui lui seraient attachés*[3].

Nos enquêtes de terrain ont également mis en exergue la forte prégnance du sacré, notamment en Afrique de l'ouest (Mali), où l'existence matérielle des bamana était arrimée à un dialogue quotidien avec de multiples entités invisibles. Cette présence se traduisait par la présence de nombreux bosquets sacrés, associés à des objets puissants dont différents forgerons, chasseurs et féticheurs détenaient la maîtrise. La relation avec l'invisible façonnait le territoire et régulait les comportements individuels au sein du groupe. La société d'initiation secrète du Komo, encore active dans les années 1990,

1. cf. l'ouvrage qui en est issu, « Un droit à inventer », Barrière et Barrière, 2002.

2. Barrière, 1997.

3. Vincent *et al.*, 1995.

chez les Bamana de la région de Ségou nous l'a bien fait comprendre : « celui qui dévie connaîtra la sanction de voir son cadavre sortir par l'arrière de sa case »[4].

Notre aventure scientifique s'est poursuivie au Sénégal, en pays Bassari, où l'existence quotidienne est également orchestrée par les diverses formes de relations avec la sphère de l'invisible (les génies, ces êtres vivants non-humains et des ancêtres). Issus de la terre ocre, les humains ne sont que de passage dans la lumière de la vie terrestre[5].

Dans le versant sud du Haut Atlas marocain, ce n'est plus l'invisible, mais l'âpreté de la transhumance qui marque les générations qui se succèdent et crée leur forte imbrication au Vivant.

La traversée du Tchad et le séjour dans des villages et des campements nous ont fait toucher le champ de la survie face aux contraintes climatiques et aux pressions exercées sur les écosystèmes, la terre et les milieux pastoraux.

En forêt amazonienne, nos échanges avec les Wayana nous ont plongés dans une réalité totalement différente, celle d'une intimité avec le végétal et l'animal, le contact de la peau avec l'organique dans toutes ses dimensions.

Mais partout le contact avec la terre est le plus prégnant et c'est au Rwanda que nous l'avons particulièrement vécu. Les populations Hutu et Tutsi sont confrontées à la question épineuse du rapport à la terre. En termes fonciers, quel régime juridique foncier pour

4. Barrière, 1997.

5. cf. l'ouvrage, « De l'ocre à la lumière », Barrière et Barrière, 2005.

quel devenir ? Si cette préoccupation demeure universelle, c'est parce qu'elle se situe à la jonction avec celle du rapport global au Vivant.

Le projet international Covpath (Coviability pathways/la voie de la coviabilité) associant Isamu et Ioan permet de naviguer sur la cosmologie de plusieurs continents. En plein Pacifique, le monde Kanak révèle une proximité étroite avec la diversité du Vivant, dans une cosmogonie de parentalité de la terre. Ma relation étroite aux abeilles m'a permis de tisser des liens privilégiés auprès de la tribu Kanak Weda-Wayaguette (Province du Nord de la Nouvelle-Calédonie). Ce fut aussi l'occasion de découvrir aux Comores l'île de Mwali dans toutes ses contraintes de viabilité (dégradations des écosystèmes terrestres et maritimes) et ses propres cosmogonies pour accéder à la coviabilité socio-écologique.

Puis l'aventure s'est poursuivie en Asie du Sud-Est, dans l'île indonésienne des plus grands lézards géants du monde, Komodo (*Varanus komodoensis*). Avec Ioan, nous nous sommes immergés dans la relation d'interdépendance que les habitants ont tissée avec ce dragon, vestige d'un monde d'il y a 4 millions d'années.

Ces trente années passées à la rencontre de populations entretenant des relations différentes au Vivant ont constitué des expériences de terrain qui se sont vu compléter par de très nombreux travaux de recherche de collègues de différentes disciplines.

Ils nous ont permis d'élaborer, d'analyser et de développer de façon scientifique une voie incontournable pour assurer un futur à l'humanité, celle de la coviabilité socio-écologique. Par-delà ce concept[6], par-delà nature et culture[7], la question essentielle revient à savoir comment y parvenir.

La voie de la coviabilité passe par l'interdisciplinarité[8], voire la transdisciplinarité[9], pour parvenir à une régulation juridique négociée, matérialisée sous la forme d'accords de droit local co-élaborés par l'ensemble des acteurs au sein des territoires concernés.

Nous avons déjà mené ce processus expérimental, plus ou moins aboutis, sur différents terrains d'Afrique de l'Ouest (Sénégal, Tchad, Burkina Faso…) et au Maroc, au moyen de conventions locales ou de chartes se définissant par du droit négocié[10].

Ces expérimentations se sont poursuivies en France, dans les Cévennes où un pacte pastoral a été adopté par une intercommunalité en 2015[11]. Ce pacte pastoral est en cours d'évolution vers un pacte de transition écologique (projet AGROECOV) soutenu par la Fondation de France. Cette expérience en cours est attendue par de nombreux partenaires dans le monde.

6. Barrière *et al.*, 2019.

7. Descola, 2005.

8. Qui est la coopération entre plusieurs disciplines scientifiques sur un même objet et sujet de recherche.

9. Qui est à travers et au-delà de toute discipline ; en ce sens la transdisciplinarité associe des acteurs non scientifiques comme des acteurs locaux, à la démarche de recherche.

10. Barrière et Faure, 2012 ; Barrière, 2003 ; voir le Glossaire en fin d'ouvrage.

11. cf. https://caussesaigoualcevennes.fr/competences/pacte-pastoral/ ; Barrière *et al.*, 2023; Barrière, 2020 ; Barrière et Bes, 2017.

Dès le commencement de la rédaction de ce livre nous avons invité à nous rejoindre un grand nombre de collègues de disciplines très différentes de plusieurs continents avec qui nous collaborons. Et dans le cadre du programme Covpath ce sont également des acteurs de territoires qui ont apporté leur contribution, comme un agent du Parc National Komodo en Indonésie ou l'Entente Interdépartementale Causses Cévennes, gestionnaire du site inscrit par l'UNESCO, en France. Chacune de ces 62 contributions participe à la rédaction de l'ouvrage sous la forme d'un éclairage ponctuel et particulièrement opportun, apportant un complément, des précisions ou un exemple précis.

Fort de tout ce cheminement, ce présent ouvrage n'en demeure pas moins un point de départ. Bien des choses restent encore à découvrir, à expérimenter, à partager... Ce qui nous a motivés à élaborer un site internet dédié sur la coviabilité socio-écologique (coviability.com) orchestré par Isamu.

Puisque la coviabilité ne peut ni s'improviser, ni s'uniformiser à travers le monde, ce n'est qu'en s'ouvrant à une multitude de façons de vivre que nous pourrons proposer les moyens d'assurer la coexistence des groupes sociaux au sein du Vivant.

## Synopsis, parcours de l'ouvrage en quelques mots...

L'humanité ne peut survivre sans le reste du Vivant, mais peu d'humains ont réellement conscience de cette situation d'interdépendance. Beaucoup d'entre eux ont développé avec le Vivant des rapports économiques de production ou d'exploitation. D'autres se sont distanciés des entités vivantes non humaines, sans même s'en rendre compte, par leur urbanité, pour leur confort et leur insatiable désir de profiter, sans prendre en compte la finitude du monde dans lequel nous vivons.

Pourtant, ces pratiques destructives que de nombreuses sociétés humaines ont imposées au Vivant non-humain ont créé des clivages tellement radicaux que le développement de nouvelles relations respectueuses, voire harmonieuses avec le Vivant, paraît inespéré.

Pour la plupart des sociétés dans le monde, se reconnecter et retisser des liens avec le Vivant réclame une nouvelle voie inéluctable : celle de la viabilité[12] conjointe des sociétés humaines avec les écosystèmes, les animaux et les végétaux. L'objectif est de parvenir à développer des liens par des façons d'exister, d'habiter le monde qui soient plus relationnels que verticaux. Ces deux viabilités, des sociétés humaines et de l'immensité du reste du Vivant étant interdépendantes, l'une n'allant pas sans l'autre, on parle alors de coviabilité socio-écologique.

« La conscience citoyenne de l'interdépendance de la viabilité des espèces reste la voie de la stabilité et de

12. La viabilité est l'aptitude à vivre et à se développer. Étymologiquement, viabilité provient en grec de l'adverbe *áåé*, qui signifie « pour toujours », et du verbe « *öÝñù* » qui signifie « porter ». Pour la théorie mathématique de la viabilité, la viabilité est un cadre mathématique proposé par Jean-Pierre Aubin en 1991 afin d'étudier la compatibilité entre un système dynamique et des contraintes sur les variables du système (voir une définition plus complète dans le Glossaire en fin d'ouvrage).

l'harmonie des systèmes sociaux et écologiques dans un pays ou les enfants de moins de 15 ans représentent 45,3 % et les jeunes de 15-34 ans, 32,6 %[13] » (Zoéwendsaongo F. Ouédraogo, Burkina Faso).

Au cours de son existence, tout système fait face à des contraintes. La viabilité de tout système dépend de la capacité d'encadrement ou modes de régulation qui interviennent vis-à-vis des contraintes internes (exemple : artificialisation des sols) et externes (exemple : inondations) au système concerné. L'objectif est de maintenir en vie, en capacité d'adaptation le système humain avec le reste du Vivant ; que ce dernier évolue dans un espace de coviabilité délimité par un seuil. Ce seuil de viabilité est une limite au-delà de laquelle les sociétés humaines et les non-humains sont en danger. C'est cette régulation des contraintes sur un écosystème qui permet de ne pas dépasser ce seuil, tout en se maintenant dans cet état de coviabilité. Dans leur grande diversité, les sociétés humaines produisent des régulations dites « juridiques ». Écrites ou vécues par les groupes et les individus, ces régulations juridiques sont des leviers importants pour se maintenir en deçà des seuils de viabilité.

Ainsi, la recherche doit se concentrer sur des expérimentations en contextes réels au moyen d'une territorialisation du droit par une régulation locale, le « pacte territorial ». Le groupe social, au sein de son territoire, maintient son niveau de viabilité grâce à sa manière d'exister (pratiques, usages, comportements, décisions…) au sein des écosystèmes dans lesquels il évolue. Afin d'y parvenir, une mobilisation collective des acteurs

13. RPGH, 2019.

territoriaux s'impose pour construire un destin commun : assurer l'avenir même du territoire. Les actions à mener se situent dans l'anticipation, l'adaptation voire la résilience face aux changements climatiques, à l'effondrement de la biodiversité et des écosystèmes avec tout le cortège de conséquences associées. Les réponses sont collectives. Outre les pratiques individuelles, l'impératif écologique nécessite que les membres des groupes sociaux constitutifs du territoire se fédèrent pour faire collectif, « faire pacte » en réponse aux urgences bioclimatiques.

## L'urgence bioclimatique : l'habitabilité de la planète en péril

*L'homme déboula sur la planète, zigouilla les bêtes, fissionna l'atome, traficota le gène, modifia les organismes, acidifia les sols, plastifia les mers et barbouilla l'atmosphère. Tout cela en si peu de temps : quel talent ! Puis il nomma « nuisibles » ceux qui ne participaient pas à l'entreprise*[14].

L'habitabilité de la planète, ou la capacité à vivre dedans, est conditionnée par les modes d'existence, les pratiques, les façons de produire, de consommer, etc. L'artificialisation des sols et des écosystèmes, les pollutions de toutes origines qui inondent la planète conduisent à dépasser les limites planétaires[15] qui conditionnent la capacité des sociétés humaines à exister et à perdurer.

14. Munier et Tesson, 2020.

15. Établies par des scientifiques, les limites planétaires sont neuf limites, seuils d'atteinte à l'intégrité du système Terre et à son état de viabilité. Ces seuils sont interconnectés puisque le franchissement

« Nous sommes face à l'application du processus de création du client roi, souverain d'un monde où les humains marchent, travaillent, se divertissent, dînent et dorment sur les ruines du monde vivant. Dans cette philosophie de vie et de conception, il n'existe aucune place ni considération pour la vie, et nos colocataires ne survivent que le temps d'une réaction humaine suite à de bien rares rencontres. Un monde, donc, où les araignées disparaissent d'un coup de journal ; "les nuisibles" – notion hideuse –, d'une goutte de poison ; les oiseaux, d'un débroussaillage ; les domestiqués, d'un coup de pistolet à air comprimé ou d'une injection ; les mammifères, d'un coup de fusil ou sous les roues d'un semi-remorque ; les arbres et les plantes, ravagés par les tractopelles au service d'une autoroute de plus ou d'une extension ; les bactéries, mises à nu face aux UV ou plongées dans l'eau de javel. Pour les animaux encore sauvages, deux destins : la régulation par le plomb, la pêche, ou la captivité dans les réserves ou les zoos, au service des loisirs et du commerce des humains. Ces lieux donnent à voir des animaux aplatis ainsi des images, mouvants documentaires sur pattes lorsqu'ils ne sont pas quasi léthargiques, toujours dénués de leurs contextes et remerciés de leurs fonctions écosystémiques. Ils n'interagissent pas avec les humains, seulement avec le capitalisme, et remplissent des *data centers* de photographies ou de vidéos, presque jamais visionnées. Autant de design d'espaces, de services ou de produits au service

---

de l'un entraîne des conséquences délétères (nommées boucles de rétroactions positives) sur les autres seuils. Cf. https://www.stockholmresilience.org/research/planetary-boundaries.html

de l'extermination, de l'emprisonnement ou de l'exploitation » (Julien Vey, France).

Les rapports alarmants sur l'état de la planète ont fait émerger la notion d'urgence écologique qui se formalise de plus en plus à travers un profond changement climatique et un effondrement de la biodiversité. Le tout, en relation directe avec une crise sanitaire mondiale dont les rebondissements à venir sont attendus[16].

« De nombreux peuples indigènes d'Abya Yala/Amérique latine qualifient cette "urgence" de terricide : nous sommes en train d'assassiner non seulement les écosystèmes biophysiques, mais aussi les écosystèmes spirituels et les connaissances ancestrales des groupes humains qui ont réussi à maintenir les conditions de coexistence et de cohabitation » (Arturo Escobar, Chili).

Mais alors, que fait-on ? Le développement durable est-il la solution ?

Bien que trop souvent prôné, le développement durable ne restreint pas les activités humaines. Il vise un développement sans bornes et sans considération de la finitude des ressources dans lesquelles il puise. Très médiatisé depuis plus de trente ans, il sévit dans le droit international et a également intégré les droits nationaux, et pourtant l'inversion de la courbe des émissions carbonées reste toujours attendue. « Depuis 2018 le dérèglement climatique s'est imposé à nos sens et est devenu une évidence. Avons-nous pour autant décidé d'agir ? Non, ou si peu. Pire, au refus de croire ce que nous savions ont fait place le refus de reconnaître ce que nous ressentons, le déni ou la volonté affichée de ne rien faire ! » (Dominique

16. Morand, 2016.

Bourg, Suisse). Les conséquences du dérèglement climatique sont pourtant de plus en plus présentes, le cas de l'élévation du niveau des mers ne peut être qu'alarmant : « les îles Kiribati[17] sont devenues le symbole de la crise écologique globale et ses habitants seraient voués à devenir les premiers "réfugiés climatiques" : ceux forcés de partir en raison des submersions de leurs territoires. Ce risque n'est pas spécifique au Kiribati mais commun à plusieurs états du Pacifique, il serait l'aboutissement final des processus enclenchés dans l'Anthropocène » (Christine Ambard, France/Pacifique Sud).

Dès le début des années 70, le développement économique mondialisé avec son mode de croissance productiviste est présenté comme incompatible avec les capacités de la planète à long terme. Le rapport Meadows de 1972 intitulé « Halte à la croissance » du Club de Rome prône la croissance zéro face à la surexploitation des ressources naturelles liée à la croissance économique et démographique[18]. La Conférence des Nations Unies sur l'environnement de 1972 à Stockholm (Suède), réunissant une grande partie des États du monde, a organisé ses échanges autour de trois thèmes principaux : d'une part l'interdépendance entre les êtres humains et l'environnement naturel, et d'autre part les

17. Sous l'équateur, dans l'océan Pacifique, se trouvent dispersées 33 îles qui composent la République des Kiribati. Elles ont des formes asymétriques, des lagons turquoise entourés de sable doré et de végétation vivace. Hautes de quelques mètres, sans sources d'eau douce et peu fertiles, ces îles habitées par environ 130 000 individus sont vulnérables aux pressions anthropiques, mais aussi à l'élévation du niveau des mers et aux aléas naturels qui ne cessent de s'intensifier avec le changement climatique.

18. Meadows *et al.*, 2004 (1972).

liens entre le développement économique et social et la protection de l'environnement et enfin la nécessité d'une vision mondiale et de principes communs. En 1987, la Commission mondiale sur l'environnement et le développement (appelée Commission Brundtland) a argumenté pour un développement permettant de « répondre aux besoins du présent sans compromettre la possibilité pour les générations futures de satisfaire les leurs ». Cette définition du développement durable souligne bien qu'il « ... n'est pas un état fixe de l'harmonie, mais plutôt un processus d'évolution durant lequel l'exploitation des ressources, l'orientation des investissements, l'avancement du développement technologique et les transformations institutionnelles sont conformes à nos besoins [des sociétés modernes] aussi bien futurs que présents »[19]. La place du développement durable s'est accrue jusqu'à l'énonciation des Objectifs de Développement Durable (ODD) issus de la Résolution de l'Assemblée Générale des Nations Unies du 25 septembre 2015. Ces objectifs proposent de « transformer notre monde » au moyen d'un « programme du développement durable à l'horizon de 2030 ». Ce plan présenté comme un « plan d'action pour l'humanité, la planète et la prospérité » comprend 17 objectifs et 169 cibles. Le défi d'éliminer la pauvreté y apparaît comme la condition indispensable pour un développement durable[20].

19. Rapport Brundtland publié officiellement par la Commission mondiale sur l'environnement et le développement de l'Organisation des Nations unies, présidée par la Norvégienne Gro Harlem Brundtland (Notre avenir à tous / Our Common futur) : Brundtland, 1987.

20. Sur le développement durable, voir notamment : Rist, 2013.

« La situation écologique actuelle n'est ni une surprise, ni le fruit des actions "des humains en général". Elle est la conséquence d'une pensée particulière et d'une histoire politique et économique. La conception métaphysique occidentale contemporaine renvoie au geste d'objectivation du monde par les sciences et l'économie et est au cœur de l'ontologie naturaliste » (Lucas Lartigue, France). En effet, ne nous leurrons pas. La perspective du développement durable maintient l'humanité dans l'ère de l'Anthropocène.

« Popularisé à partir de l'an 2000 par le chimiste de l'atmosphère Paul Crutzen, Anthropocène est d'abord un terme de géologues. Il signifie que nous sommes entrés dans l'époque géologique de l'humanité, c'est-à-dire que l'humanité est la première force physique qui modèle le visage de la planète : nous détournons les cycles de l'eau, du phosphore et de l'azote, réchauffons le climat, détruisons la biodiversité, artificialisons les terres, altérons la vie en créant et épandant des molécules chimiques qui n'existaient pas voici un siècle, accumulant plus de matériaux artificiels qu'il n'y a de biomasse sur Terre… Tous ces constats sont posés au fil d'articles publiés dans les meilleures revues scientifiques » (Laurent Testot, France)[21].

Pourtant, la prise de conscience nécessaire des limites planétaires, du dérèglement climatique, de l'effondrement de la biodiversité et des crises sanitaires appelle à s'adapter et à faire preuve de réaction. Réagir nécessite de revoir notre relation aux autres vivants : se relier aux plantes, arbres, micro-organismes, insectes, batraciens, poissons oiseaux, mammifères… rivières,

21. Voir les travaux de cet auteur sur la question : Testot et Wallenhorst, 2023, Vortex, faire face à l'Anthropocène.

prairies, fleuves, océans… Les sociétés modernes sont particulièrement éloignées de cette perception du Vivant, privilégiant un rapport vertical dominant à ce qu'elles appellent « nature ». D'ailleurs, elles sont plus ou moins conscientes de leur dépendance au Vivant, au sein duquel elles sont immergées et dont elles ne peuvent s'extraire, ne serait-ce que pour respirer…

« Il apparaît évident qu'un simple toilettage des modèles économiques dominants ne permettra pas de corriger ses défauts. Il est donc non seulement nécessaire mais urgent d'engager de profondes transformations. Énoncer ce qu'il est nécessaire de faire advenir est relativement facile : inscrire nos modes de vie (production et consommation) dans le cadre des cycles vivants, et donc renouvelables, de la planète qui nous héberge. Il s'agit donc de faire émerger des modèles économiques compatibles avec le fonctionnement et la qualité des milieux de vie qui nous hébergent » (Jacques-Olivier Garda, France).

Faire face aux urgences bio-écologiques consiste pour les sociétés modernes à retrouver une place dans la biosphère, à se réintégrer dans le Vivant en entrant dans la coviabilité socio-écologique. Cet ouvrage se propose d'y répondre en trois étapes :

1. Se relier au Vivant
2. Faire coviabilité
   - Définition de la coviabilité
   - Faire socio-écosystème
   - Passer du « développement durable » à la « viabilité socio-écologique »
3. Construire la coviabilité socio-écologique à l'échelle locale

On peut concevoir l'urgence écologique comme *une crise de la rationalité dualiste avec les modèles de pensées qui s'y rattachent, dont particulièrement le binôme nature/culture*[22]. Bien davantage qu'une crise, l'urgence écologique pour les sociétés modernes néolibérales est une urgence de se dégager de l'enfermement de la dualité construite opérant un rejet relationnel du Vivant par les humains. Cette séparation génère un rapport de subordination et de prédation d'éléments vivants de la biosphère dont les sociétés humaines dépendent pour leur viabilité[23] à la fois dans le temps et l'espace. Cette opposition des humains aux non-humains conduit à la péjoration des écosystèmes par leur destruction physique ou leur pollution. La raison en est un manque de considération de la biodiversité et des milieux en faisant des objets de consommation, d'extraction et de transformation en capital. Le passage à opérer est celui de la mise en relation avec le Vivant formant les écosystèmes. Une mise en relation des groupes sociaux avec ce dont ils dépendent pour vivre et survivre : l'eau, la terre, l'air… les éléments biotiques faisant ressources et participant à l'existence du partage des espaces, des lieux et milieux.

C'est dans le cadre des sciences des solutions que s'inscrit cette démarche scientifique transdisciplinaire accessible au grand public. Son objectif est d'associer les acteurs des territoires aux scientifiques, afin d'offrir des perspectives loin de toute éco-anxiété.

---

22. Val Plumwood, 2002.

23. Pour rappel, la viabilité est l'aptitude à vivre et à se développer. Retrouvez la définition plus complète dans le Glossaire en fin d'ouvrage.

# 1

# Se relier au Vivant

*Nous commençons depuis peu à mesurer l'importance accordée par les Achuar à ces brèves invocations chantées qu'ils appellent « anent ». Fredonnés à voix basse ou récités mentalement, les anent permettent d'établir une forme de transmission de pensée avec les plantes, les animaux et les esprits. La communication est ainsi rendue possible avec ces êtres considérés comme des alter ego*[1].

Se relier au Vivant, c'est prendre conscience que l'humain est un être vivant parmi tous les autres. Il intègre le monde vivant, dont il fait partie au même titre que les arbres, oiseaux, rivières, etc. Il participe ainsi au commun du Vivant, appelé biosphère, cette couche de la planète (composée de l'atmosphère, de la lithosphère, et de l'hydrosphère) abritant l'ensemble des systèmes écologiques[2].

Mais qu'est-ce que le Vivant ? En écologie, c'est le biote (du grec âßïò, vie) : tous les organismes vivants, des micro-organismes aux animaux et végétaux, présents dans un lieu précis. Est vivante toute entité qui constitue

1. Pignocchi, 2016, 28.
2. Vernadski, 2002/1929.

sa propre matière vivante avec la capacité de naître, de croître, de se nourrir, de se reproduire et de mourir.

## Le Vivant n'est ni la « nature » ni « l'environnement »

Le monde se compose du Vivant humain et du Vivant non-humain ou autre qu'humain. *Quand on parle de non-humains on les définit comme privés de la qualité d'humain… Il est préférable d'utiliser une expression comme celle-là, que de parler de nature, parce qu'avec le mot nature, on fait entrer dans notre univers métaphysique tous les autres, et on les dépossède de l'originalité par laquelle ils constituent le mobilier qui peuple le monde*[3].

Le concept de « nature » a été longtemps évité par les philosophes qui ne parvenaient pas à le définir. Buffon avait d'ailleurs hésité de produire un article sur ce concept dans l'encyclopédie du dictionnaire raisonné des arts, des sciences et des métiers de Diderot et d'Alembert de 1765, tome 11[4].

Le concept de « nature » induit une séparation avec les sociétés humaines et ne peut donc pas être considéré comme un synonyme de « Vivant ». Quant au terme d'environnement, qui renvoie à la façon dont les humains perçoivent le monde, il ne saurait englober toute la diversité du Vivant. Ainsi, en parlant de nature et d'environnement, les humains ne se considèrent pas comme

3. Descola, 2020.

4. Bourdier et François, 1951.

faisant partie du Vivant. Ils se perçoivent plutôt comme des êtres indépendants, dont l'existence surplombe toute autre forme de vie qui ne serait que des variables à modifier selon leurs propres desseins. Dans cette perspective, envisager une relation vitale entre les humains et les non-humains devient difficile, voire impossible.

## L'ambivalence humaine envers le Vivant

Le siècle des lumières valorisa le pouvoir de l'intelligence humaine à saisir et à expliquer le monde naturel. C'est ainsi qu'il érigea le dualisme nature/culture comme une séparation radicale entre l'humain et les autres vivants. La « nature sauvage » était identifiée tantôt comme une source d'inconfort à éviter, tantôt comme une force à maîtriser. Cependant dans le domaine de la morale, les Lumières considéraient la nature comme un guide ou un idéal faisant autorité.

Le dualisme nature/culture paraît bien être une spécificité occidentale, car dans bien des sociétés à travers le monde, la coupure nature/culture est inconnue.

La conception d'une nature extérieure aux sociétés humaines mue la nature en objet de distanciation que l'on peut donc facilement déplacer, remplacer, contrôler ou détruire, puisqu'elle n'apparaît pas comme vitale pour leur survie.

La distinction nature/culture se prolonge par d'autres dualités entre lieux d'habitation/lieux de la nature, corps/esprit, émotions/raison. Cette dissociation du mental et de l'émotionnel aurait contribué à couper nos liens avec la Terre Mère[5], favorisant l'émergence d'une société dissociée, flottant hors sol, au sein d'une technostructure, voire d'un techno-cocon[6] (maison, voiture, téléphone portable, matériel) dont on ne peut plus se passer.

Peu d'humains ont réellement conscience de notre interdépendance avec le Vivant. Ils se sont distanciés des entités vivantes non humaines, sans même s'en rendre compte, par leur urbanité, pour leur confort et leur insatiable désir de profiter, sans prendre en compte la finitude du monde dans lequel nous vivons.

Si une majorité d'entre eux a développé des rapports économiques de production ou d'exploitation, d'autres développent un rapport culturel anxieux avec « la nature » qu'ils perçoivent comme autonome, surpuissante et dangereuse et face à laquelle ils se sentent démunis[7]. Ils souhaitent pouvoir exercer un contrôle sur elle, grâce aux pratiques propriétaristes et au développement de la technologie. Ce contrôle peut aller jusqu'à la destruction, *la pulsion de mort se déchaînant à l'ombre du progrès scientifique et technique*[8]. Face aux dégâts occasionnés, un éventuel sentiment de culpabilité s'apaiserait avec la certitude que la « nature » est

5. Simon Marine « Et Si on Retissait Du Lien Avec Nos Peurs Pour Nous Relier Au Vivant… Avec Pablo Servigne, Chercheur "in-Discipliné", Auteur ». Tout Tourne Rond Sur Cette Terre, 9 septembre 2024. https://podcast.ausha.co/tout-tourne-rond-sur-cette-terre/s2-28-et-si-on-retissait-du-lien-avec-nos-peurs-pour-nous-relier-au-vivant-avec-pablo-servigne-chercheur-in

6. Damasio, 2021.

7. Freud, 2004 ; Terrasson, 1988.

8. Vidaillet, 2023.

en capacité de survivre, quelles que soient les agressions qu'elle aura subies.

Pourtant, ces pratiques destructrices que les sociétés humaines ont imposées au Vivant non-humain ont créé des clivages tellement radicaux que le développement de nouvelles relations respectueuses, voire harmonieuses avec le Vivant, paraît inespéré.

Bien que conscient des dégâts provoqués par certaines de ses actions, pourquoi est-ce que l'être humain s'entête sur la même voie, sans modifier ses pratiques ?

Plusieurs philosophes et psychanalystes se sont penchés sur la question du déni et de ses ressorts inconscients face à la crise environnementale. Plusieurs de ces ressorts ont été identifiés[9] :

- le fantasme d'une « nature » menaçante et puissante, générateur d'une angoisse insupportable ;
- une pulsion de mort qui nous pousserait à ravager le Vivant qui nous entoure sous couvert du progrès ;
- un désir de jouissance illimité stimulé par la société de consommation.

Dès lors, est-il encore possible de reconnecter l'être humain au monde du Vivant, dont il fait partie ? Quelles transformations doivent être opérées ? Un changement de mode relationnel, plus respectueux, plus empathique et moins avide est-il encore envisageable ?

9. Vidaillet, 2023.

## Entrer dans l'intimité du Vivant non-humain

Quelle que soit l'aire biogéographique, l'intégration des sociétés humaines dans les habitats non-humains, ou du moins leur rapprochement étroit avec le milieu naturel, peut être une quête. Le contact avec une espèce animale non domestiquée génère une charge émotionnelle, autorisant une "entrée en relation". On rejoint par là une forme d'ontologie relationnelle[10], qui considère que chacun à sa place, sa fonction, sa raison d'exister et d'entrer dans un rapport intime, par voie de communication ou de cohabitation.

L'expérience vécue par Geoffroy Delorme auprès des chevreuils traduit parfaitement cette mise en contact :

> *Entre Chévi et moi, des liens d'amitié de plus en plus fort se tissent, la curiosité que l'on se porte mutuellement nous rapproche chaque jour davantage. Chévi m'observe et apprend de moi à une vitesse incroyable. Il accepte tous mes mouvements, mes odeurs, à tel point que l'on arrive à mieux communiquer. […] Il semble même associer mes mots à mes actions*[11].

10. L'ontologie est la façon d'être et d'exister, de vivre le monde partant des identifiants culturels qui leur sont propres. Les ontologies relationnelles regroupent les modes d'existence en relation avec le Vivant. Les sociétés modernes adoptent majoritairement une ontologie dite « naturaliste » au sein de laquelle prévaut la rupture de relation avec le Vivant. Cf. le Glossaire en fin d'ouvrage.

11. Delorme, 2021, 149.

Entrer en relation nous engage à créer et tisser des liens spécifiques. Cela passe par un réapprentissage pour aller vers les non-humains, accorder du temps à ceux qui partagent le même espace que nous, afin de mieux les sentir, les ressentir et les connaître.

> *Notre capacité à comprendre les autres est enracinée dans les propriétés physiologiques du système nerveux qui nous permettent d'entrer en résonance avec nos semblables [...] [Elle est] fondée sur les régularités des échanges [...] et sur les interactions que l'individu initie ou auxquelles il réagit dès sa naissance. [...] L'empathie n'implique pas seulement une réponse affective déclenchée par l'état émotionnel d'autrui. Elle nécessite également une compréhension minimale des états mentaux de cette personne.*[12]

Sachant que l'empathie est fondée sur notre capacité à reconnaître qu'autrui est semblable à soi, sans pour autant confondre soi-même et l'autre, le développement de l'empathie pour le Vivant demande une prise de conscience des similarités entre le Vivant et l'humain. Cette empathie nous conduit au respect de la vulnérabilité des êtres qui nous entourent et constitue donc une compétence nécessaire à la mise en œuvre de la coviabilité socio-écologique.

Les diverses façons d'entrées en relation (sensorielle, communication, empathique, etc.) avec le Vivant

12. Decety, 2003.

non-humain s'inscrivent dans la démarche de s'ouvrir à une altérité élargie, afin de se relier aux entités vivantes non humaines.

## Se relier au Vivant dans les manières d'habiter l'espace partagé

Chaque société humaine fait son monde à sa manière, en fonction de son mode d'existence, de sa cosmogonie, de ses choix déontologiques et culturels, ainsi que de ses façons de voir et entendre le Vivant.

Se relier au Vivant non-humain par les comportements et l'approche éthologique, conduit à repenser la façon d'habiter la terre. Exister différemment au sein du Vivant commence par l'acceptation d'une forme de cohabitation…

Les milieux océaniques ne sont pas exempts d'entrée en relation avec le Vivant. Bien au contraire, la présence humaine génère de nombreux retentissements avec les écosystèmes marins en surface, comme dans les profondeurs abyssales. Grâce à leur patience, à leur respect et leur présence quotidienne auprès des cachalots, certains océanographes-plongeurs ont été acceptés dans l'intimité du Vivant marin. Les rôles s'inversent, puisque l'observateur devient l'observé. L'océanographe François Sarano a accueilli avec humilité l'invitation d'Eliot, un cachalot mâle, à entrer dans un moment unique de relation, comme une *nouvelle alliance entre l'humain et le sauvage* :

> *C'est un jeune cachalot, 8 mètres, 5 tonnes… Il est à moins de 10 mètres. Il*

*poursuit sa route sans se détourner. Je n'ai pas le temps de m'écarter. Le choc est inévitable. L'énorme tête est sur moi. Surprise. Pas de choc violent. Tout l'inverse, une tendre et puissante poussée… Un peu comme un énorme chat qui viendrait solliciter une caresse en me poussant de la tête…*

*Je ne sais comment réagir. Par respect pour son indépendance sauvage, je refuse le contact. Je refuse la caresse qui symbolise l'appropriation, l'asservissement. Je me dégage maladroitement. Mais le jeune cachalot revient et me bouscule à nouveau… délicatement. Il réclame le contact. Ce n'est plus moi qui décide, c'est lui, l'animal indompté, qui prend l'initiative. Je cède et entre dans son jeu. Il tourne sur lui-même et nage sur le dos, ventre vers la surface. Je l'imite. Il s'approche à toucher. Son œil est minuscule, une perle noire qui émerge d'une boutonnière étroite, encadrée par deux rides à peine dessinées. Mais son regard est intense. Évalue-t-il ma capacité de nageur ? Je réponds au défi. À mon tour, je vrille sur moi-même. Sans hésitation, il imite ma pirouette. Je fais mine de m'enfoncer, il s'enfonce. Je me redresse, il se redresse… S'ensuit une improbable danse que chacun mène à son tour*[13].

Pisteur et photographe, Philippe Henry (Canada) témoigne de son entrée en relation avec les sujets non humains photographiés :

13. Sarano, 2017, 20.

« Je me retrouve dans un monde de signes et d'informations subtiles. À moi de les déchiffrer. Je piste en suivant les traces, je prends les odeurs. L'animal convoité est là mais il ne me voit pas encore. Par contre il m'a senti et il est aux aguets. Va-t-il fuir ou se sentir en confiance ? Je l'observe et anticipe ses mouvements. Après quelques instants, il me voit mais ne bouge pas. Il m'observe. Je détourne mon regard et veux lui donner l'impression que je ne suis pas venu pour lui, que je suis juste de passage. Que ressent-il pendant qu'il m'observe ? ».

Entrer dans une relation au Vivant pose une question fondamentale : comment l'homme des sociétés modernes peut-il se décentrer de sa vision anthropomorphique et accueillir les perceptions des autres êtres vivants ? Est-il en capacité de se mettre à la place d'un renard, d'un oiseau, d'un requin ou d'une abeille ? S'il est difficile, souvent impossible de se mettre dans la peau d'une autre espèce, l'humain est en mesure d'entrer en empathie. L'empathie peut être cette clé relationnelle permettant d'aller vers le non-humain et de développer nos capacités cognitives, afin de trouver la juste distance entre soi et l'autre. Pour y parvenir une prise en considération s'avère nécessaire. Considérer l'autre (non-humain) c'est prendre conscience de sa qualité d'être vivant, donc de ses besoins pour lui assurer sa viabilité : ne pas détruire son habitat (forêt, zone humide, rivière, littoral, récifs coralliens…), lui maintenir ses ressources d'existence, comme mellifère pour les abeilles… Une autre façon d'entrer en relation est la cohabitation. Vivre ensemble, c'est vivre avec. Les cas du loup, du requin, du tigre, de l'éléphant, du cormoran, du castor, etc. jusqu'aux insectes, batraciens, reptiles…

sont symptomatiques d'une cohabitation pouvant faire coalition ou pas, c'est selon.

Chaque société impactée par la mondialisation est telle une bulle éclatée qui tente d'asseoir soit une domination sur le non-humain, soit une forme de cohabitation plus ou moins heureuse. Les questions deviennent les suivantes : Comment permettre aux groupes sociaux de prendre conscience de leur dépendance et de la nécessité de renouer un lien de solidarité avec les autres êtres vivants ? La réponse à ces questions se situe dans l'identification de leviers pour faire évoluer les représentations et les relations au Vivant.

Ces leviers se situent dans les diverses représentations socioculturelles du Vivant qui s'inscrivent dans les consciences individuelles et nourrissent des mémoires collectives. Il est important de les comprendre, tant elles sont décisives pour déterminer le niveau de considération que les sociétés humaines accordent au Vivant. Tout comme l'existence du groupe humain est subsumée à l'existence de ses membres, la survie des sociétés humaines est dépendante de l'existence des espèces animales, végétales (biocénose) et des lieux de vie (biotopes) avec leurs caractéristiques physiques, chimiques et ses flux d'énergie, l'ensemble constitutif des écosystèmes. Les sociétés humaines, qu'elles en soient conscientes ou non, n'existent pas seules, mais en lien avec un monde biologique au sein de la biosphère.

Aussi, pour de nombreuses sociétés dans le monde, le rapprochement au Vivant fera l'objet d'une forme de (ré)intégration par une mise en relation au moyen d'ontologies relationnelles (1). Cette réintégration ne peut s'opérer que par un lien de viabilité qui peut prendre une diversité de formes (2), toutes définies autour de l'ontologie coviabiliste (3). Le lien de viabilité se trouve donc à l'opposé d'une posture humaine de prédation, laquelle introduit un rapport de subordination.

« Il existe au cœur de l'Indonésie des milliers de traditions et de croyances locales qui illustrent la relation entre l'homme et le Vivant. Comme le suggère la devise indonésienne "*Bhineka Tunggal Ika*", qui signifie "l'unité dans la diversité", chaque groupe indonésien possède une variété de traditions, de cultures, de philosophies et de croyances sur le Vivant qui s'alignent sur le concept de coviabilité » (Azmi Zaki Waliudin Althaf et Bagas Satya Pradipta, Indonésie).

Selon les systèmes ou les ordres juridiques des sociétés, le mode de relation entretenu avec le Vivant est corrélé au statut attribué aux composants du Vivant : cela peut être soit un statut de sujet, un statut d'objet, voire un statut intermédiaire d'« être sensible » permettant de sortir de la catégorie de « bien », (cf. code civil et rural français). Par exemple, la terre sera considérée, selon son statut, soit comme une chose appropriée (bien-fonds), soit comme une entité vivante constituant une ressource susceptible d'usages, mais pas d'appropriation. Ici, cette différence de statut comporte un enjeu essentiel dans la mesure où la terre associée à un être vivant se trouve dissociée d'un rapport économique de nature capitaliste (on parle ainsi de foncier).

Expliquons ce qui va conférer tel ou tel statut, détaillons les cheminements menant à qualifier le Vivant par un statut en particulier.

## Réintégrer les sociétés humaines dans le Vivant

On trouve des interactions durables entre êtres vivants non humains sous différentes formes de symbiose. Pour les espèces qui gagnent un avantage évolutif (protection, dispersion, pollinisation), la symbiose traduit un mutualisme. Des interactions parfois réciproques (par exemple entre plantes et pollinisateurs) traduisent, quant à elles, une association de survie des espèces. Ainsi, la modification d'une espèce peut impacter la survie ou la reproduction de l'autre. Les espèces associées peuvent donc entrer en coévolution.

Entre l'espèce humaine et la biodiversité (animaux, végétaux, écosystèmes, milieux), on peut trouver des relations de symbiose. Ces différentes façons de vivre au contact des milieux non-humains correspondent à différentes façons de voir le monde : *le monde est composé d'une multiplicité de points de vue : tous les existants sont des centres d'intentionnalité, qui appréhendent les autres existants selon leurs caractéristiques et puissance respectives*[14].

« Certaines populations adoptant une perspective non-dualiste (ne séparant pas les êtres humains du reste du Vivant) conçoivent leur corps comme indivisible des autres vivants non-humains qui composent le territoire. Dans ce cas, ces groupes sociaux peuvent ressentir les dommages au territoire comme un dommage à leur propre corps » (Alice Brites Osorio de Oliveira, Brésil).

14. De Castro, 2009, 20.

En effet, tout être vivant (des gènes aux super-organismes) organise son monde autour de sa morphologie, sa façon d'exister et ses besoins pour vivre et se développer. Chacun se centre sur son propre « point de vue »[15] ; chacun regarde son habitat de vie en fonction de sa taille, de sa morphologie et de ses sens. Selon ses fonctions, chaque être vivant participe à composer un collectif entrant plus ou moins en interactions, parfois en interdépendance[16], parfois en compétition. Mais tous participent au tissage du vivant parce que tous sont entrelacés[17].

Les humains entrent en continuité avec les autres espèces vivantes, en fonction du milieu dont ils dépendent. Ils occupent une place à partir de laquelle ils peuvent créer soit une relation de partenariat avec les entités non humaines, soit un rapport d'analogie vis-à-vis du Vivant. L'arbre, le papillon, le vers de terre, la loutre, la raie, l'aigle, la rivière… constituent les maillons de la chaîne de la vie, dont l'humain fait partie. Au même titre que les autres êtres vivants, l'humain est un acteur-sujet. Tous sont des « acteurs-actants »[18].

---

15. Uexküll, 1956/2010.

16. Voir sur cet aspect, Pelt, 2004.

17. Bapteste, 2017, mais aussi Selosse, 2017.

18. Un actant se définit *par sa faculté à agir, à avoir un poids, une intensité dans le déroulement de l'action* (Latour, 2005 ; Callon et Latour, 2016). *Puisque les humains doués de parole aussi bien que les non-humains ont des porte-parole je propose d'appeler actants tous ceux, humains ou non humains, qui sont représentés* [au sein du réseau socio-technique], *afin d'éviter le mot d'acteur, trop anthropomorphique* (Latour, 1989 ; 2015, 133.) La notion d'actant permet de réconcilier les humains et les non-humains en une seule

Sur les cinq continents se trouvent différentes façons d'habiter la planète. Deux grandes catégories divergentes apparaissent. D'un côté, un mode d'existence bien ancré dans l'économie mondiale, repose sur une opposition nette entre humains et non-humains. De l'autre, l'existence se réalise dans une relation aux non-humains sous forme d'interactions.

Pour traduire cette divergence, on va utiliser la notion d'ontologie[19], en tant que façon d'être pour habiter le monde. Ainsi, chaque être humain se positionne en fonction de ses ressentis, de ses émotions, de ses considérations face au non-humain. Le rejet relationnel (associé à l'ontologie de subordination) se dit « naturaliste » il dissocie l'humain de l'artéfact de la « nature », cette chose qui ne relève pas de l'humain, ce qui lui permet « de ne pas en être ».

L'anthropologue américano-chilien Arturo Escobar établit que le système de domination se traduit souvent par le patriarcat « qui relève d'une ontologie privilégiant la séparation, la négation et le contrôle de l'autre, l'appropriation de la nature, la violence et la guerre. Le patriarcat initie donc l'érosion de l'interdépendance constitutive de toutes les formes de vie et le fondement

---

et même entité. Ce terme permet d'englober les « non-humains », et *leur accorder une épaisseur, en tant qu'ils ne sont pas de simples instruments des humains* (Flipo, 2015). Dans le Glossaire en fin d'ouvrage.

19. L'ontologie se définit par la façon qu'ont les groupes sociaux d'être et d'exister, de vivre le monde partant des identifications culturelles qui leur sont propres. L'ontologie « traite de la manière d'exister des objets, des êtres et des évènements » (Escobar, 2018, 113), Dans le Glossaire en fin d'ouvrage.

de la coviabilité ». Le « réseau de patriarcat, de capitalisme et de colonialisme [...] a consolidé le “dualisme ontologique” moderne, articulé autour de trois divisions fondamentales : entre l'homme et la nature, entre- “nous” et “eux” (c'est-à-dire entre les civilisés et les primitifs), et entre le sujet et l'objet ».

Les « ontologies relationnelles » avec le Vivant non-humain décrivent différentes façons mêlées de se relier, elles se déclinent sous trois formes principales :

- l'entrée en communication (en partenariat) se dit « animique » (ontologie animiste) ;
- l'identification à un animal ou une plante se dit « totémique » (ontologie totémique) ;
- le positionnement de l'être humain au même niveau que les non-humains se dit « analogique » (ontologie analogique)[20].

L'ontologie relationnelle se distingue de l'ontologie naturaliste d'opposition par son approche sensible et empathique, caractérisée par une attention, une considération et une solidarité. Bien qu'elles semblent catégorisées, ces différentes ontologies engendrent des façons d'être qui ne sont ni cloisonnées, ni figées. Elles sont plus ou moins hybridées, selon les personnes humaines ou les groupes sociaux. On peut être à la fois en opposition (naturaliste) et s'identifier à un animal ou à une plante ; ou bien parler de « nature » tout en adoptant une relation de partenariat en entrant en communication avec des entités non humaines. Cet animisme existe bien dans la relation avec les animaux

20. Nous reprenons ici les catégories ontologiques de Philippe Descola, 2005.

domestiques, en parlant à son chien, à ses brebis ou avec des mésanges, des pigeons, ainsi que des plantes à qui un prénom est donné.

D'autres manières d'interagir avec les non-humains peuvent se manifester, comme faire le choix de considérer les êtres vivants comme des sujets existants, c'est-à-dire des actants participant aux socio-écosystèmes. C'est le cas chez les Amérindiens ou d'autres peuples autochtones.

De par le monde, la palette des représentations mentales qui sous-tendent les rapports aux non-humains est immense. Les non-humains ne sont pas toujours considérés comme de simples objets-machines dépourvus de ressentis, certaines sociétés les considèrent au contraire comme des êtres sentients[21].

Le fait de leur reconnaître cette faculté de ressentir des émotions, d'éprouver des besoins et même de la douleur crée l'ouverture vers les relations ontologiques.

En parlant à un animal de compagnie, à un arbre ou une rivière… Cela peut signifier que « je ne m'oppose pas, mais je le considère en communiquant ». Lorsque le bassari (du Sénégal oriental) s'identifie à une espèce telle que le caméléon (ontologie totémique), il entre en communication à la fois avec ses ancêtres et les génies de la brousse (ontologie animiste).

21. Capacité d'un être vivant à ressentir des émotions, de la douleur, du bien être et d'être capable de percevoir de façon subjective son milieu de vie. Voir Broom, 2016.

Figure 1 : Lien de viabilité commun à toutes les formes de relation avec le Vivant

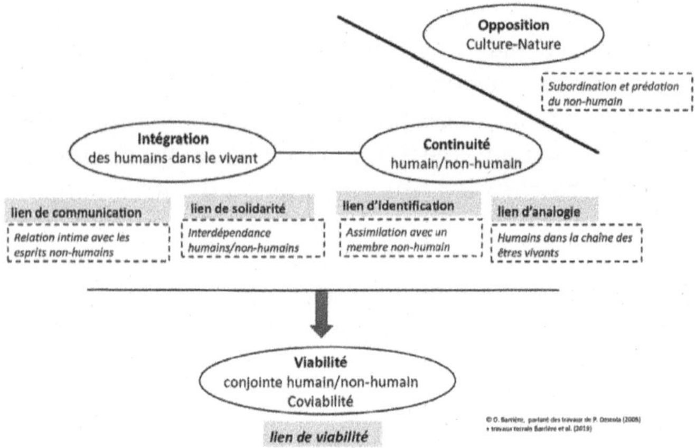


## Le lien de viabilité entre humains et non-humains

Aux Comores, « [...] la cohabitation homme-tortue dans la localité d'Itsamia à Mwali, l'un des villages de la réserve de biosphère, représente un parfait exemple illustrant la prise de conscience des habitants de ce village, que la viabilité de l'homme dépend de la viabilité de la tortue » (Ben Anthoy Moussa et Mohamed Mindhiri Tsira, Comores).

La coexistence entre humains et non-humains se réalise au sein d'un collectif d'« actants » hétérogènes[22], que les écologues nomment « socio-écosystème ».

22. Latour, 1989.

Les membres du socio-écosystème sont interdépendants : les humains dépendent des écosystèmes pour vivre et subvenir à leurs besoins, tandis que la survie des écosystèmes dépend des activités humaines. Ainsi, la viabilité des uns dépend de la viabilité des autres. Apparaît donc un véritable lien de viabilité, structurant le collectif du socio-écosystème.

Comme on vient de le voir avec les ontologies, les interactions des sociétés humaines avec le reste du Vivant sont de différentes natures : subordination, communication, identification et analogie. Bien que ces quatre formes d'interactions soient souvent hybridées, elles sont nécessairement transcendées par une relation de solidarité fondée sur l'interdépendance entre humains et non humains.

Dans le cadre de cette interdépendance, le lien de viabilité permet à tout être vivant de rester vivant, par l'effet de solidarité intra et interspécifique. La perception de l'autre est centrale pour l'effectivité de cette solidarité.

« La solidarité exprime ce lien de viabilité entre deux personnes, deux entités de même nature (ou statut) juridique : on n'est pas solidaire d'un objet, parce qu'il faut une réciprocité. Et dans un même temps, ce lien se trouve à l'origine d'une solidarité entre personnes humaines, organismes, éléments biologiques organisés en systèmes (milieux, écosystèmes), donc entre entités vivantes devant être de même statut juridique » (en l'occurrence sujet de droits)[23].

23. Barrière, 2022.

Par le lien de viabilité, la solidarité traduit un lien de droit ou un rapport juridique[24] entre entités vivantes. Il définit la relation qui rassemble des êtres, tout en maintenant la singularité de chacun. En somme, ce lien les unit en reconnaissant leurs ressemblances, leurs différences et leur dépendance[25].

« Toute entité vivante se retrouve directement ou indirectement dans des situations de dépendances mutuelles et croisées avec d'autres et ce, à toutes les échelles » (Nicholas Henderson, France).

Les deux fondements du lien de viabilité entre membres humains et non-humains sont « le faire collectif » et la relation de solidarité qui en découle. Le lien de viabilité consolide donc les relations humaines avec la biosphère. La difficulté des sociétés modernes est de trouver comment elles peuvent se reconnecter à leurs espaces d'existence, lesquels sont devenus plus ou moins artificialisés. Ainsi certains espaces urbains sont tellement bétonnés qu'ils n'autorisent la présence que de rares espèces végétales et animales.

## Coopérer avec le Vivant par la solidarité

Exister ensemble exige une forme de continuité avec le Vivant que les sociétés modernes ne peuvent plus ignorer.

En raison du destin commun qui les unit, bon nombre de communautés locales et de peuples autochtones

24. Ce rapport peut être de sujet à objet, de partenariat, d'échange…
25. Barrière, 2022 citant Jeuland, 2020.

s'ancrent dans ce paradigme qui fait reconnaître les non-humains comme sujets[26] et les intègre dans leur propre cosmogonie.

> *Selon la cosmogonie bassari, la nature est peuplée d'entités invisibles (les biyil, Syabutyara) qui ont précédé les hommes dans l'occupation de l'espace. Afin de s'installer dans des conditions favorables, les Bassari ont dû établir des alliances sacrificielles, en échange de la protection et de la sollicitude des biyil. Fréquent dans les populations d'Afrique de l'Ouest, ce pacte prend une forme exacerbée en pays bassari où le sacrifice consenti par les hommes pour satisfaire les êtres du lieu, notamment Syabutyara, fut et reste le don des âmes du clan : pour se maintenir, le groupe doit se départir de certains de ses membres*[27].

Cette cosmogonie traduit une forme de solidarité écologique, qui exprime notamment la relation d'interdépendance qui réunit les êtres vivants (humains et non-humains) au sein d'un espace donné, d'un territoire, jusqu'à la planète. Il se compose d'une diversité de mondes, en raison d'une diversité de singularités simultanément présentes.

Ces observations nous permettent de pénétrer dans la complexité du monde ; elles nous indiquent que rien ne saurait être réduit par une pensée analytique cartésienne,

26. Est « Sujet » toute entité titulaire de droits et d'obligations.

27. Barrière et Barrière, 2005, 26.

adepte du « paradigme de simplification »[28]. Les paradigmes décryptent des réalités sociétales façonnées par un formatage collectif. Leur singularité complexifie le rapport au monde et génère des vécus différents selon les individus.

La métaphore du tissage illustre la complexité du monde en combinant la diversité d'éléments hétérogènes qui sont associés : « évènements, actions, interactions, rétroactions, déterminations, aléas, qui constituent notre monde phénoménal »[29]. Les fils qui s'entrecroisent sont pareils aux relations de dépendance et d'interdépendance qui génèrent une solidarité plus ou moins exprimée entre entités vivantes.

Au lieu de séparer les entités en fonction de leurs dynamiques respectives, il convient de considérer les finalités globales, ainsi que les interactions entre les parties constitutives du Vivant.

La nécessité de coexister oblige les sociétés à repenser leurs modes de vie avec l'ensemble de la biodiversité. Comment institutionnaliser la solidarité écologique dans la mesure où elle constitue un passage obligé pour les sociétés occidentales ou occidentalisées ?

## Créer les conditions de la coexistence entre les groupes humains et le Vivant

Coexister, c'est exister ensemble et simultanément, au sein d'un espace de vie partagé.

---

28. Morin, 2005, 18.

29. Morin, 2005, 21.

Le fait de coexister au sein du biote (constitué des écosystèmes, des espèces animales et végétales) implique d'y cohabiter, cela engendre un enchevêtrement de relations complexes et fragiles associant humains et non-humains, au sein d'un milieu particulier. Cette cohabitation peut être caractérisée par des relations d'interdépendance ; elle peut également être vécue sous une forme distanciée, en raison de peurs ou de répulsions causées par certaines représentations socio-culturelles.

Alors, globalement comment une reconnexion, voire une « réconciliation » avec le Vivant est-elle envisageable ? L'enjeu est à la fois territorial et géopolitique. Il est sous-tendu par un choix de société avec ses valeurs, son droit, son éthique et ses politiques publiques, lesquels positionnent la place des humains vis-à-vis des écosystèmes. En termes de viabilité, ce partage donne lieu à une association biologique plus ou moins profitable aux espèces présentes. Leurs interactions génèrent des formes d'unions au sein du réseau trophique et enrichissent leurs relations symbiotiques.

L'enjeu consiste à réussir l'intégration des activités humaines au sein des biotopes (habitats) et de la biocénose (ensemble des espèces). Les continuités écologiques peuvent être assurées lorsque les planifications et les documents d'urbanisme prennent en compte le Vivant dans leurs décisions.

À plus petite échelle, le maintien des couvertures végétales (haies, buissons, etc.) favorise un raisonnement en termes de biodiversité. De même, le fait de mettre à la disposition des espèces sauvages (rapaces et mammifères carnassiers) les cadavres d'un animal d'élevage contribue à maintenir des relations symbiotiques. Enfin, le fait de ne pas nettoyer systématiquement les végétaux morts rend un milieu favorable aux insectes et aux champignons, lesquels s'en nourrissent et génèrent un substrat.

Notons d'ailleurs l'intérêt de remettre en cause la notion de « propreté », grâce à un regard moins hygiéniste, qui autorise les espaces domestiqués plus riches en végétaux. Une exubérance favorable à de nombreuses espèces et ainsi, permet l'effet de dilution des pathogènes contagieux.

Cette association biologique entre humain et non-humain peut déranger et provoquer une opposition. Pourtant, même si les mondes se télescopent, ils font partie d'une même biosphère, au sein de laquelle interactions et interconnexions, produisent plus ou moins d'inconforts.

Dans le cadre de la coviabilité ces alliances avec le Vivant sont pourtant nécessaires. Le designer Nicolas Roesch (contributeur de cet ouvrage) parle de coalitions inconfortables[30], paradigme interrogeant la limite de l'inconfort acceptable pour les sociétés humaines. L'enjeu revient ici à les conscientiser, à les questionner pour parvenir à une reconnaissance du collectif de la biosphère, une forme de « réconciliation » pour de nombreuses sociétés humaines.

Cela nous conduit à parler de « l'écologie de la réconciliation »[31] qui valorise une intégration du Vivant humain

30. https://www.natural-solutions.eu/blog/nicolas-roesch-desanthropocentrer-le-design-pour-penser-linterdependance-avec-le-non-humain

31. Rosenzweig, 20.

au sein du non-humain. Prenons l'exemple des grands prédateurs (requin, ours, tigre, dragon Komodo…), dont la cohabitation avec l'espèce humaine est plus ou moins tolérée selon les territoires, à travers le monde. Les loups présents sur plusieurs continents (Amérique du Nord, Europe, Asie du Nord) constituent un exemple de partage problématique de l'espace.

Par exemple, en Mongolie, la pression du braconnage menace d'extinction un grand nombre d'espèces, à l'exception du loup qui est considéré comme un animal totem, en référence aux ancêtres, symbolisant le Vivant non-humain. Dans la religion chamanique des Mongols, le loup facilite la transition des âmes des défunts vers Tegger, le Dieu du cosmos : il apparaît comme un intercesseur entre les humains et les animaux. De par son rôle au sein de la cosmogonie mongole, la présence du loup sur le territoire s'avère moins préoccupante pour les éleveurs mongols que les pressions des ongulés domestiques et sauvages sur les ressources pastorales de la steppe : « Les gazelles sont un grand fléau pour nous, bien plus terrible que les loups […] D'un côté, la steppe, la nature en général, et de l'autre, l'homme. La première est plus précieuse puisque, sans elle, la vie humaine ne perdurerait pas »[32].

D'autre part, au Tibet, entre les monts Kunlun et le plateau du Changtang : *L'homme nous dira que les loups lui tuent trente brebis par an, soit 10 % de son cheptel. Lui, l'accepte. La part des bêtes. Un autre berger de la vallée m'a dit :* « Je respecte le loup et la panthère. Je les chasse quand ils viennent trop près de mes moutons. Mais

32. Rong, 2004.

ils tuent aussi des drongs [yaks sauvages] et des kiangs [ânes sauvages], qui mangent l'herbe. Et ici, l'herbe est très précieuse. Alors, ce sont aussi mes amis pour l'équilibre »[33].

En France, les loups ont été décimés au XX^e^ siècle : à l'époque, le dernier fut abattu en 1937. Depuis la Convention de Berne (1979), l'espèce est protégée en Europe. À partir des années 90, a été observé un retour naturel du loup venant probablement des Abruzzes (Italie)[34]. Aujourd'hui, les réactions des éleveurs sont très diverses, selon qu'ils ont subi ou non des attaques, en ayant adopté ou non des mesures de protection… Le clivage pro-/anti-loup sévit, mais la formation de berger apprend à composer avec le loup : *ces nouveaux bergers expriment la forte charge émotionnelle du métier. Quand on garde un troupeau, on en devient un membre à part entière, on fait corps avec lui. Les brebis deviennent « leurs filles », ce sont leurs compagnes au quotidien, ils se sont sincèrement attachés à elles*[35]. Les attaques ont ainsi des effets dramatiques de stress physique et psychologique sur les bergers : *les témoignages sont nombreux d'éleveurs et de bergers exprimant leur surprise, leur abattement ou leur détresse quand ils ont eu à vivre personnellement la prédation du loup*[36].

Pour certains éleveurs, le loup fait maintenant partie des contraintes du métier : *Quand ça tape, ça tape.*

33. Munier et Tesson, 2022, 43.

34. Les Abruzzes sont un exemple emblématique de cohabitation avec les loups, voir Bertrand, 2023.

35. Bertrand, 2023, 68.

36. Nicolas et Doré, 2022, 10.

*On surveille, on se protège mais on fait avec le risque. Le loup n'est pas plus dérangeant, finalement, que les promeneurs indélicats. Il faut accepter le loup, il fait partie de la vie animale. [...] Le prédateur fait partie du job, tout comme la météo*[37]. Et selon un syndicat agricole, *l'anticipation de l'arrivée des loups par la mise en place préventive de mesures de protection ne constitue pas une acceptation passive de l'expansion des populations de loups, mais vise à mieux préparer et protéger les éleveur-euses face à une réalité à laquelle ils seront confrontés tôt ou tard*[38].

Les points de vue de bergers à travers le monde convergent souvent vers l'idée de sortir de toute radicalité : *le débat pour ou contre le loup est dépassé* ; *Le loup est sur nos territoires, il faut absolument s'adapter, faire avec « la part du loup »*. Mais cette fatalité doit être constructive[39]. Vivre avec les loups devient incontournable, en développant une forme de relation négociée, intelligente avec eux, en sortant du seul fusil : interagissons avec la faune sauvage *en utilisant divers moyens adaptatifs, parfois mortels, afin de maintenir une distance acceptable et une coexistence plus satisfaisante et plus vivable*[40]. La présence et la surveillance par des bergers et des chiens s'imposent comme une solution incontournable. La qualité des chiens de protection devient un élément clef selon les témoignages du terrain. En France, la Confédération paysanne soutient le projet

37. Bertrand, 2023, 70.

38. Confédération paysanne de Lozère, 2023.

39. À voir l'interview d'un berger expérimenté (en français) : https://www.youtube.com/watch?v=Y7FRPhY0aVs

40. Meuret *et al.*, 2020, 411.

de pose de colliers GPS sur des meutes de loups *pour objectiver leurs comportements face à la protection et face aux tirs*[41].

Cette autre communauté non humaine partage de fait le territoire avec les activités humaines. Sa préservation est un gage de viabilité à la fois sociale et écologique. De nombreux éleveurs habitués à subir la pression du loup considèrent que le défi consiste à restaurer un équilibre entre les activités humaines et les grands prédateurs. L'objectif serait de redonner au loup sa place dans la chaîne trophique comme super prédateur en tant qu'espèce clef de voûte ciblant prioritairement les proies sauvages.

Ce super prédateur jouerait un rôle dans la biodiversité sauvage. Il serait l'un des éléments décisifs de la résilience, la robustesse et la vitalité des écosystèmes. De façon concomitante, il faut se mettre dans la peau du berger qui voit son troupeau attaqué, ses brebis égorgées, paniquées, stressées. Celui-ci s'interroge légitimement en ces termes : *est-ce aux éleveurs qui pratiquent le pastoralisme de porter seuls la charge émotionnelle d'une éventuelle cohabitation ? [...] le retour du loup doit, avant tout, nous permettre de réinventer nos rapports aux Vivants [...]. J'aime profondément ma vie de paysan, et je préfère vivre libre au contact d'une vie encore sauvage, qu'aliéné à des injonctions religieusement économiques sous couvert de progrès intégristes*[42].

41. Confédération paysanne de Lozère, 2023.

42. Latrouite, 2020.

Nous sommes bel et bien confrontés à deux conceptions opposées du rapport au loup. Les uns en Lozère (France) perçoivent le loup comme un adversaire, ce qui les conduit à préconiser le tir de défense. D'autres en Italie considèrent le loup comme un partenaire et cette acceptation du loup les conduit à créer un espace partagé (Civitella Alfedena, commune de la province de L'Aquila en Italie, située dans le Parc national des Abruzzes, créé en 1921).

Pour une prise de recul global, la question est de savoir comment le droit international pense la coexistence avec le Vivant.

La charte mondiale de la nature affirme en 1982 que la vie *dépend du fonctionnement ininterrompu des systèmes naturels qui sont la source d'énergie et de matières nutritives* et que la civilisation *a ses racines dans la nature qui a modelé la culture humaine [...].*

Presque 20 ans plus tard, la fédération Internationale pour les Droits Humains souligne dans sa Déclaration du 19 novembre 2019 que les droits humains et la protection environnementale sont interdépendants : *un environnement sûr, propre, sain et durable est nécessaire à l'exercice des droits à la vie, l'alimentation, la santé, l'eau, le logement, l'emploi, la culture et les droits des populations autochtones*[43]. La déclaration internationale de la charte de la Terre reconnaît explicitement en 2000[44] une interdépendance entre tous les êtres vivants (1.a).

---

43. https://www.fidh.org/fr/themes/mondialisation-droits-humains/reconnaitre-l-interdependance-entre-les-droits-humains-et-la

44. https://earthcharter.org/wp-content/assets/virtual-library2/images/uploads/echarter_french1.pdf

Mais plus explicitement, la coexistence avec le Vivant est traduite par le leitmotiv de « Vivre en harmonie avec la nature » par les Nations Unies[45]. Ce leitmotiv arrive en 2009 avec l'adoption d'une résolution annuelle sur ce thème, la première déclarant la Journée internationale de la Terre Nourricière.

Ce leitmotiv raisonne, tel un véritable mantra, incitant à repenser les droits de l'environnement en droit de la biosphère ou droit de la Terre, également appelé « droit sauvage » par une Jurisprudence de la Terre (*Earth Jurisprudence*). Ces innovations trouvent leur origine dans la recherche d'un nouveau paradigme universel[46] de la relation des humains à la planète, qui unit au lieu de diviser.

Pour parvenir à une transition écologique, une volonté de sortir d'une logique anthropocentrée s'exprime progressivement à travers l'objectif d'entrer « en harmonie avec la nature », comme en témoignent Azmi Zaki Waliudin Althaf et Bagas Satya Pradipta.

« Les Javanais considèrent que les êtres humains font partie du "bawana" (l'univers) [qui] se compose de deux grandes parties : le macrocosme et le microcosme. [...] Les deux doivent vivre en harmonie, ce qui signifie

45. *The Earth and its ecosystems are our common home, and expressed their conviction that it is necessary to promote Harmony with Nature in order to achieve a just balance among the economic, social and environmental needs of present and future generations* (http://www.harmonywithnatureun.org).

46. *C'est l'apparition de l'idée de vérité, à la fois chez les Grecs (Parménide et Platon) et chez les judéo-chrétiens, qui engendre l'idée d'universel : l'universel réunit, la diversité libère ; un universel fondamental convient-il à toutes les cultures et/ou à toutes les ontologies du rapport au vivant ?* (Delsol, 2020).

se respecter mutuellement. Si les humains ne peuvent pas vivre en harmonie avec le macrocosme, les effets se répercuteront sur les humains » (Azmi Zaki Waliudin Althaf et Bagas Satya Pradipta, Indonésie).

Les stratégies mises en œuvre pour assurer la diversité biologique, sont déclinées par les vingt objectifs d'Aichi[47] ; elles trouvent leur continuité au sein d'un dialogue interactif portant sur le « Vivre en harmonie avec la nature » pour limiter la dégradation de la biodiversité (lors de la treizième Conférence des Parties[48] de la convention sur la diversité biologique[49]).

La quinzième Conférence des parties de la Convention de l'ONU sur la diversité biologique (COP15), du 5 au 17 décembre 2022 à Montréal, au Canada, définit une feuille de route pour « mieux protéger les écosystèmes au cours de la décennie ». L'objectif affiché est de vivre « en harmonie avec la nature » d'ici 2050 : l*a Terre et ses écosystèmes sont notre maison commune, et ont exprimé leur conviction qu'il est nécessaire de promouvoir l'harmonie avec la nature afin de parvenir à un juste équilibre entre les besoins économiques,*

47. COP10, Nagoya, 2010.

48. Les COP ou *Conference of parties* est un rassemblement des différents États parties à une Convention des Nations Unies, constituant ainsi un organe de décision pour l'application effective de ladite Convention. Les États parties se réunissent en COP à raison d'une fois par an pour chaque Convention. (Cf. https://www.cbd.int/cop). Ces COP sont également l'occasion d'échanger et d'acter des avancées autour de l'esprit du texte de la Convention, des termes à préciser ou bien des dispositifs concrets à mettre en place dans les pays signataires.

49. COP13, Cancun, 2016.

*sociaux et environnementaux des générations actuelles et futures*[50].

Si la notion d'harmonie avec la nature n'est pas expressément définie, l'enjeu des Nations Unies, à travers ses résolutions, ses plans et ses dialogues interactifs, est de mettre un terme à la destruction des écosystèmes, à l'effondrement de la biodiversité.

L'harmonie peut être vue comme une compatibilité, voire une adéquation pour une coexistence durable entre sociétés humaines et la « nature » : *vivre en harmonie avec la nature est un défi crucial qui nécessite une transformation profonde des modes de consommation et de production. Les mesures et les décisions que nous prenons aujourd'hui, aux niveaux local, national et international, détermineront s'il est possible de s'orienter vers une voie de développement durable avant qu'il ne soit trop tard*[51].

L'approche de la COP15 maintient de façon implicite un focus anthropocentré, qui extrait l'humain des écosystèmes et qui définit la « nature » par la biodiversité ou les écosystèmes, en oubliant que les sociétés humaines en font partie. Ainsi, comme nous l'avons vu précédemment, la notion de « nature », largement portée par le droit international depuis les années 70, est bien un artéfact, un construit occidental qui acte la séparation des humains du reste du Vivant. Au contraire, la coexistence des systèmes sociaux et écologiques traduit le fait de vivre ensemble dans un même temps, sur le même espace au sein de la même planète et dans des relations

50. http://www.harmonywithnatureun.org

51. Chronique ONU, 4 juin 2020, Guillermo Fernández de Soto, *Les changements en profondeur dont nous avons besoin pour vivre en harmonie avec la nature.*

d'interdépendance. De fait, la viabilité des uns dépend de la viabilité des autres. Du vers de terre, au papillon, de la baleine au lézard géant Komodo, jusqu'à l'humain, la chaîne de la vie s'établit avec une interdépendance générique.

L'approche Une seule santé (*One Health*) prend en compte les relations d'interdépendances au sein du Vivant pour résoudre les enjeux de transmission des pathogènes. Il n'est plus possible de raisonner par le seul prisme de la santé humaine. La santé animale, végétale et le maintien de la biodiversité sont des composantes essentielles et interdépendantes. « En approfondissant le concept de *One Health*, nous pouvons nous rendre compte que la relation d'interdépendance s'applique au processus de résolution des problèmes de transmission des pathogènes » (Muhammad Nur Faiz Mahfudz, Indonésie).

# 2

# Faire coviabilité pour un habitat coviable

---

Pour la nouvelle vague de designers qui pensent le monde de demain, « Designer pour et avec la biodiversité questionne les finalités de nos relations avec les autres êtres vivants et plus largement avec la biosphère, au travers de notre contribution à faire de l'habitabilité coviable » (Nicolas Roesch, France).

## Le concept-paradigme de coviabilité socio-écologique

« Le concept-paradigme de coviabilité socio-écologique offre une base pluraliste pour construire une science multiculturelle sur les façons dont les humains et les non-humains se reconnectent et coexistent de manière persistante, fonctionnelle et juste. Le paradigme de la coviabilité réalise l'intégration théorique des disciplines académiques (telles que l'écologie, l'économie et l'anthropologie) et les transcende. Il fournit un outil de synthèse pour le dialogue, en mettant sur un pied d'égalité les concepts de la science académique et leurs équivalents ontologiques dans les systèmes de connaissance traditionnels » (Rafael Raimundo, Brésil).

Ce concept de coviabilité se corrèle donc à une approche spécifique, donnant lieu au paradigme de coviabilité. Il intègre les idées centrales de la science écologique et génère une connectivité, qui relie et signifie les *ruines bioculturelles de l'Anthropocène*[1]. La question qui en découle porte sur le *comment penser et habiter un monde en ruines*[2] ou comment vivre son effondrement et y réagir ? La façon de poser la question dépend entièrement des relations aux « autres » multi-espèces, qui englobent non seulement les humains dans leurs différences culturelles, mais aussi les non-humains dans leurs spécificités.

Ce concept-paradigme apporte une dimension dans le regard porté sur les autres Vivants et chez les humains une introspection dans leurs façons d'habiter le monde. Le concept même de coviabilité socio-écologique pose des bases scientifiques et un paradigme aux politiques publiques.

## Ce qui fait coviabilité, ce qui ne fait pas coviabilité

D'un point de vue purement écologique, ce qui fait coviabilité se situe dans une dimension d'équilibre dans la viabilité des systèmes[3]. Le socio-écosystème ne peut pas se réaliser si l'un des deux systèmes (ou le social ou l'écologique)

1. Anna Lowenhaupt Tsing, 2022, Le champignon de la fin du monde : de la possibilité de vie sur les ruines du capitalisme.

2. cf. https://www.scielo.br/j/mana/a/FVnqpKwTMjSk8PQcCHRHXfR/?lang=pt

3. Raisonner en termes de coviabilité revient à raisonner en termes de systèmes. Chacun de ces systèmes est une composante d'un tout interconnecté.

n'est pas en mesure de demeurer viable. En somme, la coviabilité permet la coexistence des humains avec les non-humains, dans les limites des ressources de la planète :

« La coviabilité est assurée tant que les comportements des systèmes en interaction permettent à chacun d'eux de rester dans son domaine de viabilité, c'est-à-dire, dans un cadre analytique, tant que les variables d'état de chaque système demeurent dans l'espace des valeurs critiques qui délimitent son domaine de viabilité » (Eric Chenin, France).

Il est primordial de changer de raisonnement vis-à-vis des activités humaines et il devient prioritaire, dans ce sens, d'effectuer une évaluation de l'état de la coviabilité, la relation humain/non-humain au sein d'une étude d'impact sur le Vivant. Émerge alors la question suivante : quelles sont les caractéristiques d'un habitat coviable ?

Un habitat coviable est défini par l'ensemble des indicateurs (lien avec le vivant, statut des non-humains et artificialisation des sols) qui contribuent à l'état de viabilité du socio-écosystème, c'est-à-dire à l'imbrication harmonieuse des humains dans le reste du Vivant. Les caractéristiques de l'état de viabilité d'un territoire vont dépendre des activités, des pratiques et des comportements humains sur les écosystèmes.

Pour affiner ces indicateurs, nous avons besoin de multiplier les recherches de terrain et de mobiliser la communauté scientifique. Des travaux sont en cours avec la participation d'acteurs territoriaux sur l'élaboration de scénarios, avec des trajectoires optimales pour atteindre l'espace de coviabilité ou s'y maintenir. Un espace de coviabilité peut ainsi être défini comme une superposition de la viabilité sociale sur la viabilité écologique. Par exemple, un groupe de pêcheurs (la viabilité sociale), sachant préserver les ressources halieutiques (la viabilité écologique) auxquelles il a accès, constitue un espace de coviabilité.

« À la fois l'acquisition et l'analyse d'une diversité d'indicateurs gérés par les acteurs territoriaux revêtent une importance capitale pour caractériser de manière adéquate la coviabilité sur un territoire, dans le but ultime de préserver ou de restaurer un écosystème à long terme » (Claire Depardieu et Philippe Rozenberg, Canada).

La recherche portant sur les indicateurs de coviabilité peut être alimentée par une approche interdisciplinaire. Par exemple, l'analyse des réactions des arbres face au changement climatique requiert la récolte d'une diversité de données issues de différents champs scientifiques (écologie, hydrologie, biologie, physique... et anthropologique).

La recherche alimentée par un faisceau de données précises s'ancre dans le territoire, en associant étroitement ses acteurs. Grâce à l'observation participante et la collecte de récits, d'avis, des pratiques, des façons de voir et de penser, la recherche alimentée par un faisceau de données précises, s'ancre dans le territoire en y associant étroitement les acteurs locaux. Cette transdisciplinarité qui intègre la compréhension des façons d'agir et de penser locales participe à la viabilité des systèmes socio-écologiques[4].

---

4. Système complexe associant des composantes biophysiques (biologie, hydrologie, etc.) avec des composantes sociétales

« Déterminer “ce qui fait coviabilité” de “ce qui n’est pas coviable” revient à nous interroger sur les facteurs qui vont inciter (ou non) les usagers de la ressource à investir du temps et de l’énergie pour sa préservation » (Romain Pinel, Tahiti).

À cette fin, le besoin d’indicateurs « qui fait » ou « qui ne fait pas » s’impose pour la gouvernance locale.

« Le manque d’indicateurs caractérisant la coviabilité sur un territoire empêche souvent les gestionnaires et les acteurs locaux d’établir correctement un diagnostic et de suivre son évolution. Ces deux préalables sont nécessaires à la mise en œuvre de moyens pour préserver ou restaurer le milieu. Sans de tels indicateurs à différentes échelles spatiales et temporelles, les acteurs ne peuvent adapter la gouvernance ni justifier certaines régulations du territoire dont ils ont la charge » (Laure Berti-Equille, France).

Considérons l’exemple de l’abeille, cet insecte pollinisateur qui apparaît comme indicateur écologique de l’état du socio-écosystème. L’abeille élevée en ruche (*Apis mellifera*) est plus facilement observable que les abeilles solitaires ou d’autres pollinisateurs.

---

(économie, politiques publiques, institutions, etc.) en interaction constante.
Les systèmes socio-écologiques correspondent à des systèmes intégrés couplant les sociétés et la nature, ce qui vise à intégrer l’ensemble des actants (humains et non-humains) intégrant l’homme comme une composante active du système, cf. Liu *et al.*, 2007 (cf. une définition plus complète dans le Glossaire en fin d’ouvrage).

Le caractère bioindicateur de l'abeille est clairement attesté au sein d'une production scientifique apidologique dense et d'une expérience pragmatique de l'abeille dans la pratique de l'apiculture.

Ouverte sur le monde qui l'entoure, l'abeille mellifère en est également dépendante, particulièrement pour la recherche de sa nourriture (pollen, nectar, miellat, propolis) et ses besoins en eau. Les facteurs exogènes à la colonie ont une incidence directe sur sa capacité de résistance, de rééquilibrage homéostatique (régulation interne), d'adaptation, voire de résilience. D'une part, des perturbations de nature parasitaire interviennent sur les abeilles, en véhiculant des organismes pathogènes (champignons, organismes unicellulaires, bactéries, virus)[5]. Celles-ci participent au développement d'infections qui se manifestent par des maladies[6]. Le virus de la paralysie aiguë israélienne des abeilles (« Israeli acute paralysis virus » [IAPV]), a été fortement corrélé avec le syndrome[7] d'effondrement des colonies (« colony collapse disorder » [CCD])[8]. Une addition conjuguée de

---

5. Principalement : l'ectoparasitose Varroa (*varroa destructor*), la fausse teigne (*Achroia grisella* et *Galleria mellonella*), le petit coléoptère de la ruche (SHB *Aethina tumida*), la mouche parasite (myase que sont les tachinides et les phorides) ; cf. Tafi *et al.*, 2024.

6. Que sont la nosémose (*Noséma apis Zander*), la maladie noire (CBPV virus de paralysie chronique), le couvain plâtré (couvain calcifié ou ascophaerose ou mycose), le couvain refroidi, la loque américaine (*Paenibacillus Larvae*), la loque européenne (plusieurs bactéries : *Streptococcus pluton*, *Bacillus alvei*, *Streptococcus faecalis*…), le couvain sacciforme, l'acariose (*Acarapis woodi Rennie*).

7. Chen *et al.*, 2014.

8. Le CCD se traduit par la perte inexplicable des ouvrières, depuis 1998 en Europe et en 2006 aux USA avec une perte de 50 à 90 %

facteurs pathogènes, chimiques et de pratiques apicoles serait l'explication la plus partagée dans la communauté scientifique qui refuse généralement de pointer du doigt une seule origine[9].

D'autre part, certaines perturbations proviennent de la dégradation de la biodiversité, des péjorations directes sur la biocénose et les biotopes. L'origine de ces atteintes provient de la destruction des milieux, de leur artificialisation générée par un agro-écosystème développant la monoculture, ainsi que par l'importation (souvent involontaire) d'espèces exotiques, et par la diffusion de molécules chimiques toxiques aux abeilles[10]. Celles-ci sont, par exemple, les pesticides systémiques (élaborés en 1991), dont les plus courants ont des effets neurotoxiques. Ce sont les néonicotinoïdes (l'imidaclopride, la clothianidine et le thiaclopride) et le Fipronil (phénylpyrazoles), à base de nicotine.

Ainsi, la profonde interférence entre d'une part la société humaine, ses pratiques agricoles, son urbanisation, l'aménagement et « l'assainissement » de son espace de vie, et d'autre part le système non-humain « abeille », souligne bien une relation de la viabilité entre systèmes.

Comme on le sait, l'abeille gère sa stabilité interne qui se trouve agressée par des interventions de tous ordres (mécanique, chimique et biologique). Les conjugaisons néfastes de ces interventions atteignent les limites des capacités d'homéostasie, voire de résilience

des ruches à travers les États-Unis (Johnson, 2007 ; Engelsdorp van, 2009).

9. Ratnieks & Carreck, 2010 ; CDD Steering Committee, 2012, 7 ; Johnson, 2010.

10. cf. Laurent, Bougeard, Caradec *et al.*, 2024.

de la colonie. La pluralité combinée des facteurs de stress entraîne une réaction dans l'organisation sociale de la colonie, notamment au niveau de la répartition des tâches[11]. De plus, les différents stress (pathogènes, pesticides, dégradation des milieux) engendrés par l'environnement sur la colonie portent directement atteinte à son ordre physiologique interne. Les abeilles les plus jeunes se voient contraintes de devenir trop précocement butineuses afin de pallier l'insuffisance du nombre des ouvrières adultes pourvoyeuses. Cela entraîne une efficacité bien moindre dans la tâche[12] et peut même provoquer leur mort.

D'un côté, l'abeille élevée est dépendante de l'état des milieux[13], de l'autre, la vitalité de la population apicole est le reflet de cet état. La santé de la colonie d'abeilles traduit une indication précieuse sur la santé des écosystèmes, c'est pourquoi l'abeille est considérée comme une véritable « sentinelle »[14] de la viabilité du système socio-écologique.

La relation entre la colonie d'abeilles et les actions humaines est tellement forte que la colonie peut être

11. Perry *et al.*, 2015.

12. *Nous ne savons pas pourquoi les colonies passent si rapidement d'un état de santé apparent à l'échec. Il est bien connu que les abeilles réagissent aux stress nutritionnels et pathogènes en butinant précocement : notre étude explique comment l'échec de la colonie découle des réponses sociales des abeilles individuelles au stress. Nous avons utilisé le radiopistage pour suivre les performances des abeilles et nous avons constaté que les ouvrières qui commencent à butiner prématurément ont de très mauvais résultats* (Perry & al., 2015, traduit par nous).

13. cf. Kazenel, Wright, Griswold *et al.*, 2024 ; sur le réchauffement climatique : Rajagopalan *et al.*, 2024.

14. Clément, 2009.

identifiée comme un bio-indicateur de l'état de la coviabilité des systèmes sociaux et écologiques.

De là, il importe de se concentrer sur l'état du système social ou écologique dans sa capacité à se maintenir dans leur domaine de viabilité.

## Comment atteindre la coviabilité ?

« Et si nous élargissions le spectre de l'usager humain aux usagers de tous poils, écailles, plumes, feuilles, tiges, membranes ? Il n'est pas aberrant d'admettre que les toits de nos maisons, les poteaux et fils électriques sont autant de perchoirs pour les oiseaux ; que nos haies, jardins, garages et trottoirs sont les refuges des hérissons ou des escargots ; que nos maisons sont également les foyers des araignées et des insectes volants, sautants ou trébuchants, divers et variés, et la plupart du temps parfaitement inoffensifs ; que l'entièreté des sols échappant encore à l'industrie agricole est les villes, villages et campagnes des bactéries, des champignons, des plantes et des rongeurs. N'intégrons non pas l'usager humain seul, mais tous les usagers vivants, et produisons à la manière du Vivant des designs multifonctionnels ! Parlons alors des co-usagers des artefacts humains, actifs ou passifs, acteurs ou non, mais plus jamais victimes » (Julien Vey, France).

L'atteinte de la coviabilité se pose pour les sociétés contemporaines en rupture avec le reste du Vivant, qui l'inféodent en le reléguant au statut d'objet. Cet enjeu se pose également aux sociétés qui subissent une pression du système néolibéral[15], sans être directement déconnectées du Vivant ou se situant dans un entre-deux.

La démarche de coviabilité se réalise en deux étapes : se relier au Vivant et co-construire un collectif humain non-humain avec les acteurs locaux.

a. Comment entrer en connexion avec le Vivant ? D'une part, en opérant des changements dans les façons de se comporter avec les non-humains, en les considérant non plus comme des objets mais comme des sujets sensibles. D'autre part, en adoptant des modes de vie, des façons d'exister, d'être et de faire, conscients des liens d'interdépendance qui relient les êtres vivants au sein du socio-écosystème. Cette reconnaissance porte les fondements d'une solidarité de l'humain avec les systèmes écologiques, dont la propre existence dépend.
b. Comment co-construire la coviabilité socio-écologique au sein des populations humaines ? Chaque territoire est conduit à s'adapter en fonction de ses spécificités écologiques, sociétales, etc. ; cette adaptation s'effectue en deux temps :
    - o Une phase de diagnostic ayant pour double objectif la mise en exergue des interdépendances[16] et la problématisation des enjeux de

15. Système social dont les institutions politiques et économiques sont d'orientation libérale et capitaliste assurant une libre compétition des agents économiques qui sont animés par la recherche du profit (voir une définition plus complète dans le Glossaire en fin d'ouvrage).

16. Que sont les dépendances réciproques, les humains dépendants d'éléments des écosystèmes pour pourvenir à leurs besoins d'existence et vis versa la dépendance des écosystèmes (comme

coviabilité. Ce diagnostic permet l'identification des seuils de viabilité à partir de données scientifiques, des savoirs et des pratiques locales.

- Une phase de mobilisation des acteurs locaux autour d'un processus de co-construction d'un pacte territorial de solidarité écologique. En partant de l'élaboration de scénarios d'avenir du territoire, l'objectif est d'aboutir, grâce à un travail de médiation territoriale, à l'élaboration consensuelle d'un pacte.

  Cette médiation orchestrée par divers moyens (entretiens, ateliers de travail et réunions) permet de mettre les acteurs en relation de travail et de partage, en intégrant les représentations culturelles et les préoccupations de chacun.

## Réinventer les rapports au Vivant

« Ensemble, la diversité culturelle et la diversité biologique sont la clé de la résilience des systèmes sociaux et écologiques[17]. Grâce aux sciences écologiques et aux activités culturelles, il est possible de promouvoir la sensibilisation et la compréhension des relations entre la diversité biologique et la diversité culturelle en tant que base essentielle de la coviabilité socio-écologique » (Yohanes Purwanto, Indonésie).

---

la biodiversité) aux humains à ne pas être dégradés, détruits, artificialisés ou supprimés.

17. Erdelen, 2003.

L'urgence écologique et le besoin d'adaptation au changement climatique[18] conduisent à réinventer les rapports au Vivant. Comment les réinventer ? En le considérant comme un sujet. Conférer au non-humain le statut de sujet doté d'un droit d'existence revient à rompre avec la notion de « nature ». Dans cette veine, réinventer les rapports au Vivant consiste aussi à rompre avec toute idée de financiarisation et d'utilitarisme.

La question de l'effondrement de la biodiversité est connue depuis la signature, en 1973, de la Convention sur le commerce international des espèces de faune et de flore sauvages menacées d'extinction (CITES). Face à ce constat d'effondrement, le modèle dominant de développement a mis en place plusieurs parades afin de continuer à appliquer sa logique de séparation (dualiste) des humains du reste du Vivant : détruire et compenser ; protéger uniquement ce qui rend service aux humains.

La notion de service écosystémique, largement diffusée à l'international par le rapport des Nations Unies sur l'évaluation des écosystèmes de 2005[19], considère les écosystèmes à travers les services directs qu'ils nous rendent : *ces éléments du Vivant ne valent la peine d'être*

---

18. (« Dans les rapports du GIEC, il est dit que l'adaptation n'a jamais été une option ni un renoncement car même si on arrivait à contenir le réchauffement en dessous de 2 °C, voire 1,5 °C, on vivra de manière quasi certaine dans un monde où les extrêmes climatiques sont plus fréquents et plus intenses et qu'il faut s'y préparer. Ces mêmes rapports soulignent des réponses fragmentées, incrémentielles, des limites, un décalage croissant par rapport aux besoins, et des mal-adaptations ») (Benjamin Sultan, France). voir le dernier rapport de synthèse : https://www.ecologie.gouv.fr/publication-du-6e-rapport-synthese-du-giec

19. MEA, 2005.

*préservés que s'ils sont utiles aux humains en améliorant leur survie ou leur confort*[20]. Parler de service écosystémique est perçu comme nécessaire pour inviter les différents acteurs à protéger le Vivant. Crédible aux yeux des décisionnaires, cette vision du monde nous conforte dans une logique dualiste (de séparation) et la vision court-termiste. Ce qui sera considéré comme produisant des services écosystémiques à une date précise peut avoir des effets délétères sur d'autres milieux écologiques et affecter la viabilité future des socio-écosystèmes. De plus, une relation d'interdépendances est inenvisageable si l'on base la logique d'action sur les besoins d'une seule entité (dans ce cas-là l'humain). Imposer cette vision utilitariste des écosystèmes *permet de ne plus aborder le problème de l'érosion de la biodiversité comme une conséquence des activités humaines, mais comme une menace pour la poursuite de ces activités*[21]. Ainsi, le Vivant n'apparaît que comme un ensemble interchangeable de biens commerciaux (bois, plantes médicinales, caoutchouc, etc.) ou fournissant des services de régulation (captation carbone, lutte contre l'érosion), voire spirituels (forêts sacrées, aspects récréatifs et esthétiques pour les promenades). Des paiements pour services environnementaux (que sont des mécanismes financiers pour rémunérer le maintien ou la favorisation de services écosystémiques) ont également été mis en place, poussant la logique de marché à son paroxysme.

Pour continuer dans cette logique économique, comment pallier la destruction d'écosystèmes entiers qui occupent une place unique au sein du système des

20. Pesche, 2013.
21. Forgé *et al.*, 2016, 37.

interdépendances ? Par le recours à une valeur tierce et fictive : l'argent. Par la monétarisation du Vivant, il est devenu moralement acceptable de porter atteinte à la viabilité des socio-écosystèmes si des compensations « économiquement acceptables » peuvent être mises en œuvre. Les préoccupations écologiques de ces dernières années ont vu fleurir des textes de lois autorisant ces mécanismes de compensations. On peut par exemple voir l'article L.163-1 du code de l'environnement français[22] ou bien le *Clean Water Act* de 1972 aux États-Unis. Une nouvelle fois, bien que ces mécanismes paraissent vertueux par l'intérêt qu'ils accordent aux écosystèmes, ceux-ci demeurent très controversés en ce qu'ils perpétuent la même logique naturaliste[23]. En effet, de nombreux effets rebond sont à noter puisque ces dispositifs légaux servent à appuyer des politiques anti-environnementales et de nombreux projets d'aménagements anachroniques aux conséquences délétères sur le Vivant[24]. Surtout, ces dispositions restent ancrées dans une logique financière néolibérale réduisant l'objet-nature à des unités

22. L'article L.163-1 du code de l'environnement français encadre un certain nombre de mesures visant à *compenser, dans le respect de leur équivalence écologique, les atteintes prévues ou prévisibles à la biodiversité occasionnées par la réalisation d'un projet de travaux ou d'ouvrage ou par la réalisation d'activités ou l'exécution d'un plan, d'un schéma, d'un programme ou d'un autre document de planification.*

23. Vandevelde, 2013.

24. En France, le projet d'autoroute A69 ou du contournement autoroutier d'Arles ou certains projets de Lignes à Grandes Vitesse (LGV) sont de très bons exemples de projets anachroniques, que les aménageurs justifient par la compensation des destructions sur d'autres territoires, voire dans d'autres pays.
Voir aussi Bonneuil, 2015.

comptables, standardisées, interchangeables, minimisant alors leurs fonctions écologiques, pourtant essentielles à la viabilité du socio-écosystème. Raisonner en termes de coviabilité ne veut pas dire tout sanctuariser, mais considérer les non-humains comme des sujets et intégrer la complexité des interdépendances dans les prises de décision.

Comme nous le rappelle cette citation célèbre d'Albert Einstein, *nous ne pouvons pas résoudre nos problèmes avec la même pensée que nous avons utilisée lorsque nous les avons créés*. Peut-être serait-il temps de proposer un intercesseur autre que l'argent dans nos relations avec Vivant ?

« Dans une optique de coviabilité, il est illusoire d'espérer conserver et utiliser de manière durable la biodiversité en se focalisant sur les services écosystémiques et leur évaluation monétaire » (Gilbert David et Nassim Said Abdallah, La Réunion).

Le fait d'accorder le statut de sujet aux éléments du Vivant non-humain (comme les oiseaux, une rivière, un récif corallien, une forêt, etc.) ouvre le champ des possibles. Il apporte notamment la capacité de repenser les modes d'exploitation, de sortir des rapports d'appropriation/agression, au profit d'une forme de partenariat avec le Vivant (comme dans la permaculture, l'agro-écologie, la pêche raisonnée, etc.). En somme, repenser le Vivant non comme une simple chose, mais comme un interlocuteur avec qui nous pouvons dialoguer, engager une diplomatie avant d'imposer des activités humaines.

Toutefois, cette réinvention ne peut être que collective et nécessite une réelle mobilisation qui se matérialise localement, à l'échelle du territoire.

## La régulation, une clef essentielle

Comment entrer dans le Vivant ? La réponse à cette interrogation transite par une autre question : de quoi dépend la capacité des systèmes sociaux (humains) et des écosystèmes pour se maintenir dans un état viable, de vie, d'existence ?

L'homéostasie (ou stabilité), l'adaptation et la résilience de ces systèmes sociaux et écologiques relèvent d'un processus de régulation. En effet, selon Jean-Pierre Aubin[25], les évolutions de tout système dépendent d'un ensemble de « commandes » qui gouvernent ses évolutions pour le maintenir toujours dans un espace de viabilité. Les vecteurs de viabilité se trouvent au niveau de la régulation qui permet d'accéder à la viabilité : *les régulons*[26] *donnent lieu à un niveau de résilience par rapport à la dynamique évolutionnaire*, qui est la force des changements. Toute crise de viabilité génère de nouvelles régulations[27].

La régulation permet d'assurer le fonctionnement correct d'un système, qu'il soit biologique, humain ou écologique. Elle recouvre l'ensemble des processus par lesquels les systèmes cherchent à maintenir leur « état

25. Aubin, 2010.

26. Que sont les modes de contrôle.

27. Aubin, 2010.

stationnaire », en annulant l'effet des perturbations extérieures. *La régulation constitue un élément clé de la théorie générale des systèmes : tout système organisé, formé d'un ensemble d'éléments interdépendants et interagissants, serait en effet en permanence confronté aux facteurs de déséquilibre et d'instabilité provenant de son environnement*[28].

En biologie, les régulations sont des fonctions qui assurent « la constance des caractères du milieu intérieur, en dépit des variations incessantes du milieu extérieur ». En bio-écologie, la régulation consiste dans l'auto-organisation de l'écosystème, qui permet de conserver l'état d'équilibre antérieur ou d'adapter le système en l'amenant vers un nouvel état d'équilibre[29]. L'objet du droit est la régulation des conduites des individus et des personnes morales.

La régulation juridique oriente les pratiques individuelles et collectives au moyen de modèles de comportements formalisés au sein de principes sociaux vitaux. Ces derniers sont : les pratiques exprimées (représentations, habitus), les règles (normes endogènes dites coutumières, lois et règlements, jurisprudence, doctrine, contrat).

Mais quels sont précisément les modèles de comportement ? Ce sont les pratiques codifiées qui définissent un gradient d'ordres de conduite plus ou moins explicites. La régulation juridique englobe la « réglementation » et son objectif est de maintenir la cohésion sociale. La figure suivante offre un aperçu

28. Chevallier, 2001, 828.

29. Sagorin *et al.*, 2018.

« des espaces de régulation juridique » qui composent le paysage du droit dans toute sa diversité.

Ce paysage du droit ne se restreint pas à la loi et à la réglementation. Il se situe dans une imbrication d'échelles, du local à l'international.

Le territoire national se structure à la fois par un espace étatique et un espace infra-étatique. La sphère étatique comprend trois types de droit :

- le droit local (des collectivités territoriales) appelé régulation délibérative ;
- le droit réglementaire appelé régulation moniste ;
- et le droit d'adhésion appelé régulation souple.

Dans la sphère infra-étatique, se trouve un droit endogène qui provient directement de l'intérieur du corps social, et donc des acteurs sociaux locaux. Il se traduit par les coutumes (façons de faire) et les habitus (dispositions à la pratique). Dans l'entre-deux (étatique et infra-étatique) se trouve le niveau spécifique de la régulation négociée dite « droit de régulation »[30]. Produit d'une négociation associant à la fois le droit positif (de l'État) et le droit socio-culturel ou « endogène », le droit de régulation est propre à chaque groupe social (les G dans la figure).

30. Chevallier, 2001.

Figure 2 : Espaces de régulation juridique
(qui agissent simultanément à des niveaux différents : local, national, régional, international)

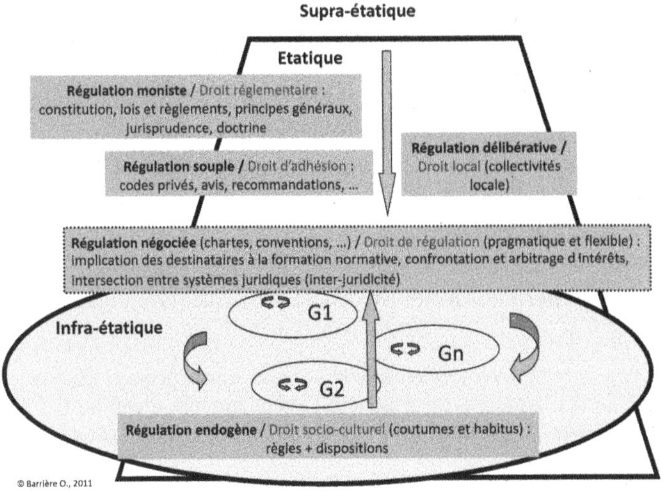


La régulation se définit comme une clef essentielle à la viabilité, dans la mesure où elle génère dans son enjeu même un lien (de viabilité) de par sa « façon d'être et de penser » les ontologies.

## Le lien de viabilité

Le lien de viabilité est le dénominateur commun des ontologies relationnelles, constituant une ontologie de la coviabilité par leur prise en compte de la viabilité conjointe des Vivants, humains et non-humains. De fait, elle apparaît de façon plus ou moins nette dans chaque catégorie ontologique (analogisme, animisme, naturalisme, totémisme) en raison de leur configuration hybride. En considérant que chaque être vivant fait son propre monde, composé d'un tissu relationnel intégrant la diversité des points de vue existants, la coviabilité s'efforce de sortir de la catégorisation « cloisonnante » pour embrasser une dimension « perspectiviste »[31].

Enfin, si l'ontologie coviabiliste est présente dans toutes les ontologies relationnelles, et parfois naturaliste, c'est parce qu'elle comprend des devoirs moraux, des obligations des uns vis-à-vis des autres, définissant par là une solidarité écologique de fait (instinctive) ou générée (construite, provoquée). Cependant, bien que présente, cette solidarité écologique se manifeste plus ou moins ouvertement selon les règles et les pratiques locales.

Figure 3 : La solidarité écologique donnant lieu à un lien de solidarité découle du collectif des Vivants formalisant un lien de viabilité par l'ontologie transversale « coviabiliste » à travers toutes les ontologies relationnelles (communication, analogie, identification, solidarité)

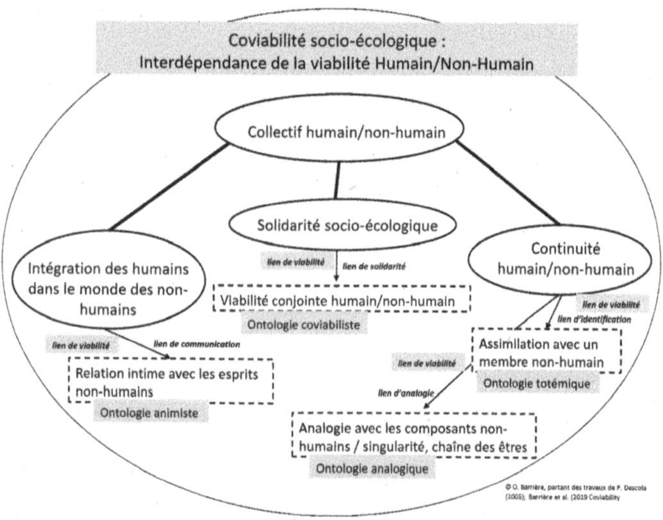


31. De Castro, 2014 ; 2023.

Le défi auquel les sociétés modernes[32] devraient être assujetties est de sortir de l'agression du Vivant, pour développer une autre relation avec celui-ci. Dans ses multiples dimensions, l'urgence bioclimatique appelle les groupes sociaux à développer une adaptation pour faire face à l'effondrement de la biodiversité et à l'artificialisation croissante de la planète, au détriment du non-humain.

« En Mongolie, la résilience traditionnelle des communautés pastorales est affectée par les changements liés au réchauffement climatique et une occidentalisation progressive de la société mongole. Il en découle une dégradation accrue de la diversité biologique. Le mode de vie traditionnel basé sur des ontologies relationnelles doit être maintenu dans les zones protégées où les ressources naturelles sont plus diversifiées et valorisées pour le bien-être humain dans des écosystèmes et une biodiversité conservée » (Munkhbat Tserendorj, Mongolie).

Pour entrer en relation avec le Vivant, il paraît incontournable de dépasser l'actuel rapport d'appropriation, d'inféodation afin d'aboutir à une autre forme de relation. Comment ce changement relationnel peut-il être opéré ? Il convient d'explorer, de par le monde, la grande diversité des manières par lesquelles des sociétés se relient aux autres êtres vivants et de s'en inspirer. Revisitons la relation avec le Vivant entrelacé

32. Sociétés fondées sur le culte de la raison (Touraine, 2022) qui s'opposent aux sociétés non occidentales ; voir une définition plus complète dans le Glossaire en fin d'ouvrage.

dans un réseau d'interactions, d'interdépendances, d'interrelations[33]. Dépourvue de liens d'appartenance entre êtres vivants, cette relation comprend des liens de dépendance, définissant des communautés de vie composées d'humains et de non-humains sur un même espace.

La « Zone À Défendre » (dite ZAD) de Notre-Dame-des-Landes (France) offre l'exemple d'un choix de vie en lien étroit avec le Vivant non-humain : dans un monde occidental *où tout doit être normé, catalogué, mesuré, homogénéisé, s'inventent de nouvelles formes de vies et de liberté. C'est (la ZAD) un carré de mauvaises herbes dans un paysage artificialisé, calibré, et bétonné. Dans la ZAD, on sort de l'emprise du marché en construisant sa cabane en terre-paille. On redonne du sens au travail en élevant des vaches et en prenant soin de la forêt. On échappe au couperet de l'État en cultivant les solidarités et l'accueil. […] Ce n'est pas une utopie, c'est notre réalité de demain qui prend forme sous nos yeux*[34].

D'autres modes de relation s'établissent par la communication, la continuité, l'identification, l'intégration, voire une forme de « symbiose » indispensable à la survie de chacun. Ainsi, les Bassari du Sénégal oriental s'identifient-ils aux *biyils*, génies souterrains et vivent sous la protection du caméléon, leur animal tutélaire auquel ils accordent un respect sacré. Ils ne partent jamais à la chasse sans avoir au préalable effectué les

33. Bapteste, 2017.

34. Lindgaard (dir.), 2020.

rituels sacrificiels nécessaires auprès des génies de la forêt[35].

## Définir une façon d'habiter le monde : la coviabilité socio-écologique

« Les fleurs offrent leur nectar et leur pollen, nourriture indispensable aux insectes, et les abeilles, en les butinant, les fécondent. Une très belle et longue histoire ! L'exemple même d'une première coviabilité au sein d'un écosystème ! » (Henri Clément, France).

Être viable, être vivant, ce n'est pas seulement être en capacité de survivre, mais c'est pouvoir vivre dans la durée en obtenant la satisfaction de ses besoins fondamentaux. Vivre dans le bien-être, c'est être en capacité d'accéder à un état émotionnel de pleine satisfaction (le bonheur) à la fois humain, animal et végétal.

Alors de quoi dépend la coviabilité des systèmes humains et non humains ? La viabilité de chaque système est soumise à deux principales contraintes :

a) La contrainte d'un seuil, d'une limite déterminant un « espace de viabilité ». Espace au-delà duquel tout système périclite en ayant porté atteinte à l'équilibre des interdépendances garantissant sa survie. Le maintien dans cet espace est assuré par des régulations faites de « régulons[36] » (règles, normes légales et endogènes)

35. Barrière et Barrière, 2002.

36. Aubin, 2010.

et d'habitus (dispositions à la pratique). Au-delà de ce seuil, le défaut de régulation porte atteinte à la viabilité. Les évolutions de ce système sont elles-mêmes gouvernées par ces régulons que les mathématiciens assimilent à un ensemble de « commandes » qui garantissent son maintien dans l'espace de viabilité[37].

Prenons l'exemple des populations humaines qui détruisent leurs forêts. Elles se donnent toutes les chances de porter préjudice à la ressource hydrique qui n'est plus retenue et par voie de conséquence, à restreindre leur alimentation en eau potable. C'est précisément le cas de l'île de Mayotte (département français dans l'océan indien) qui fait face aux conséquences souvent méconnues d'une déforestation massive. *Depuis près de dix ans, Mayotte doit faire face à une pénurie en eau et depuis 2016, elle subit trois à six mois de coupures au robinet par an* [...] *Si Mayotte était un pays, il serait parmi les cinq pays les plus déforestés au monde*[38]. Un second exemple est l'île Nauru[39] qui subit un effondrement social et écologique pour avoir adopté pendant 30 ans un train de vie dispendieux et occidental, en raison de son exploitation de gisements de phosphate. Une fois épuisés, ce sont des décennies de destructions environnementales, de problèmes sanitaires graves (obésité morbide, diabète, inhalation de poussières toxiques liée à l'exploitation

37. Aubin, 2010.

38. https://la1ere.francetvinfo.fr/la-penurie-d-eau-a-mayotte-une-consequence-de-la-deforestation-massive-de-l-ile-planete-outre-mer-1233292.html / Publié le 29 septembre 2022, mis à jour le 17 mars 2023. Cette référence est rédigée avant le passage du Cyclone tropical Chido du 14 décembre 2014.

39. État insulaire d'Océanie situé en Micronésie.

du phosphate) et de précarité qui entachent la viabilité de l'île[40].

b) La contrainte de l'interdépendance entre systèmes, selon laquelle aucun système ne peut être autonome et dépend *a minima* des systèmes qui l'environnent.

Au sein du système social humain, les contraintes apparaissent comme des obligations, des règles internes que le groupe se fixe, quelle que soit l'échelle considérée.

La coviabilité peut donc se définir comme le rapport d'interdépendance entre la viabilité d'une entité (un être vivant, un écosystème, une société) et la viabilité d'une autre entité. Tout système dépend d'autres systèmes pour sa survie et son développement[41]. La viabilité se définit donc par de la coviabilité : je suis viable car l'autre dont je dépends est viable et vice-versa.

Une fois que la problématique des contraintes systémiques est posée, deux éléments clefs de la viabilité apparaissent : a) l'interaction entre systèmes entretient de véritables interdépendances ; b) un ensemble de régulations se matérialisent à l'intérieur de ces systèmes.

La pression exercée par l'humain sur les écosystèmes modifie son espace de viabilité, en générant des contraintes et de nouveaux besoins de ressources en eau, terre, bois, charbon, gaz, pétrole… Les effets de la contrainte de production capitaliste (consommation, déchets) conduisent à des destructions physiques (artificialisations), ainsi qu'à une altération et une pollution

---

40. Roux de Bézieux, 2024 ; Robin, 2025 (à paraître).

41. Aubin, 2010 ; Bourgine, 1996.

chimique de toute la planète. L'extractivisme et le productivisme du capitalisme orientés vers une croissance infinie reposant sur la consommation de ressources et d'énergies considérées comme inépuisables définissent l'ère capitalocène[42].

« Quand l'homme se comporte en propriétaire absolu de la terre, c'est non seulement la planète qui est en danger mais aussi les pauvres et les générations futures. La terre est "un héritage commun, dont les fruits doivent bénéficier à tous" (Laudato Si 93), y compris pour ceux qui viendront après nous » (Wapu Samaki, République démocratique du Congo).

Distinguer ce qui est coviable de ce qui ne l'est pas constitue un exercice complexe, tant les contextes socio-écologiques sont multiples. Des outils alimentés par des données scientifiques, humaines et locales sont en mesure ou en capacité d'aiguiller les acteurs locaux, notamment les élus et décisionnaires au sujet de l'état de viabilité de leur territoire. Le curseur de coviabilité est l'un d'entre eux.

Le curseur de coviabilité va définir l'espace de viabilité en intégrant ses contraintes sociales et écologiques. Cette intégration s'effectue au moyen de la régulation qui encadre les interactions à l'intérieur du seuil de coviabilité. En théorie, on peut dire que c'est la juxtaposition de la viabilité sociale et de la viabilité écologique qui fait coviabilité. Comment y parvenir ? Au sein d'un socio-écosystème la viabilité sociale des êtres humains dépend de la viabilité écologique des non-humains. Il n'y a

42. Moore, 2016 ; Aglietta et Espagne, 2024.

donc qu'une seule viabilité, socio-écologique, en vertu du fondement qu'il n'y a de viabilité que par de la coviabilité. En d'autres termes, on ne retient qu'une seule viabilité socio-écologique (humaine/non-humaine), au lieu de deux viabilités séparées.

Trois indicateurs majeurs sont retenus :

- le lien entretenu par les sociétés humaines avec le vivant non-humain qui est fait de subordination ou de partenariat et de coexistence ;
- le statut accordé par les sociétés humaines aux non-humains, correspondant au niveau de reconnaissance, objet ou sujet ;
- le degré d'artificialisation ou la pression exercée sur les systèmes écologiques, en termes de niveau de préjudice (forte à faible ou nulle).

Figure 4 : Les curseurs indicateurs majeurs de coviabilité

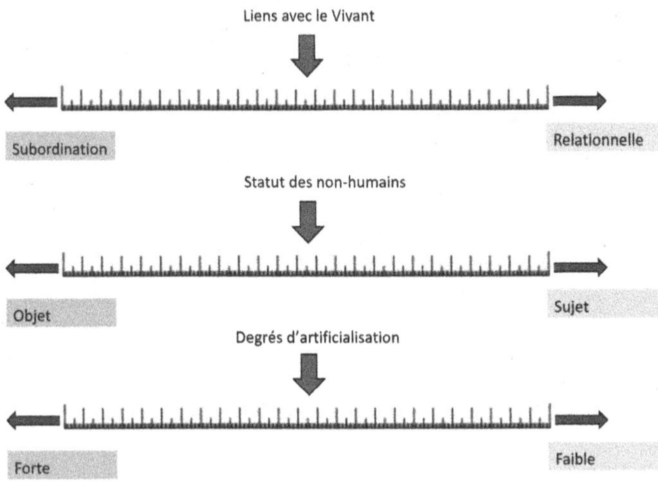

Ces trois indicateurs majeurs vont permettre de positionner le curseur de coviabilité en fonction des viabilités définies précédemment, au regard des liens avec le Vivant, du statut conféré au non-humain et des degrés d'artificialisation des écosystèmes.

Figure 5 : Le curseur de coviabilité, niveau de viabilité

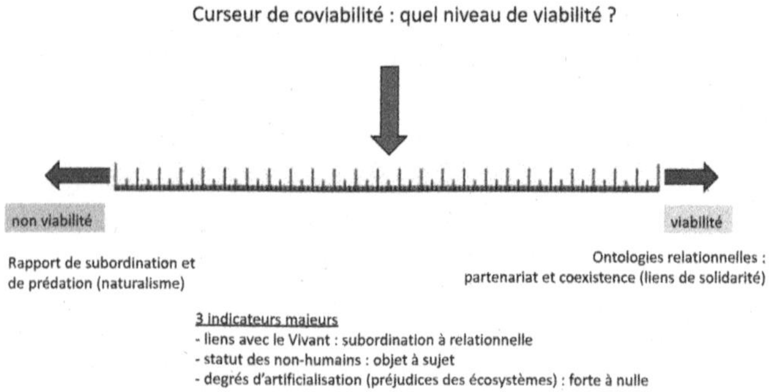


De nombreux autres indicateurs peuvent faire l'objet d'attention selon les contextes locaux. Un territoire insulaire aura des critères de viabilité différents d'un territoire montagneux ou désertique. Ces autres indicateurs peuvent notamment concerner les liens critiques entre la gestion durable des sols, la qualité de l'eau et la production alimentaire.

## Habiter le monde par la coviabilité socio-écologique

Trois piliers définissent la coviabilité socio-écologique : le Vivant (entités), la Viabilité (interdépendance entre systèmes), la Reliance (se relier, liens entre êtres vivants).

- Le collectif du Vivant : Ce collectif réunit un ensemble d'organismes vivants imbriqués, reliés de près ou de loin par des relations directes ou indirectes. Elles peuvent par exemple se réaliser au sein d'une chaîne trophique, par la circulation de l'énergie et la biomasse. Le collectif du Vivant se compose par conséquent des populations humaines et des populations d'espèces animales, végétales, microbiennes… appelées « biodiversité ». Les interrelations entre populations humaines et non humaines peuvent être si marquées que l'on arrive à parler de diversité bio-culturelle[43].

43. *Un million d'espèces vont disparaître de la planète au cours des prochaines années. Dans le même temps, nous savons que la dégradation de la biodiversité endommage directement la diversité culturelle et linguistique. Aujourd'hui, un tiers des langues dans le monde n'a plus qu'un millier de locuteurs, et une majorité d'entre elles devraient disparaître au cours du siècle à venir. La culture est irrémédiablement influencée par des relations locales et spécifiques qui unissent les peuples et leur environnement ; de cet état de fait naissent des valeurs, des connaissances et des pratiques variées en lien avec la biodiversité dans toute son étendue (incluant gènes, espèces et écosystèmes). Dans le même temps, la conservation de la biodiversité s'exprime à travers des mots et un vocabulaire modelés par les gènes sociaux de la culture* (Manifeste pour la diversité bio-culturelle : https://biocultural-diversity.org/).

– Le lien de viabilité formalise la relation d'interdépendance entre les sociétés humaines et les écosystèmes ; cette relation engendre une viabilité conjointe qui se traduit par un lien. Les humains ne pourraient pas exister sans le reste du Vivant, qui nourrit et fait vivre la globalité des organismes vivants. Ce constat nous oblige à raisonner en termes de coopération, et non plus en termes de compétition.
– La reliance : la question est de savoir de quelles façons il est possible de relier les êtres humains aux autres Vivants non-humains. Cette manière d'entrer en relation ou de se situer dans la continuité du Vivant dépend du mode d'existence de l'être humain par les façons d'être, d'habiter et d'agir. Comme vu précédemment, nous appelons « ontologies »[44] les manières d'exister, de faire et de vivre le monde par son monde à soi. Le terme d'ontologie nous accompagne tout au long de l'ouvrage depuis son début.

Les dimensions cosmologique (science de la formation du cosmos) et cosmogonique (récits de création du monde) participent pleinement à la compréhension de la reliance. Mieux, elles la définissent. Tandis que cette relation est clairement établie aux yeux de certains peuples autochtones (ou de certaines communautés locales), il n'en va pas de même pour les sociétés modernes qui sont construites sur un modèle

44. Pour rappel, l'ontologie se définit par la façon qu'ont les groupes sociaux d'être et d'exister, de vivre le monde partant des identifications culturelles qui leur sont propres (voir une définition plus complète dans le Glossaire en fin d'ouvrage).

devenu dominant de consommation et d'économie capitaliste.

Figure 6 : Les déterminants de la coviabilité socio-écologique

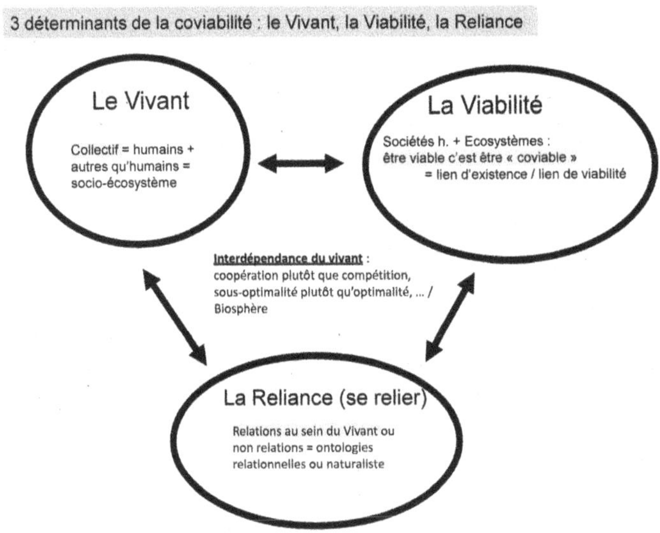


Les multiples chemins reliant l'ensemble des formes du Vivant convergent dans le champ du cosmos. Les dimensions cosmologiques (sciences) et cosmogoniques (récits) englobent effectivement la totalité des entités biotiques et abiotiques qui forment l'univers, avec leurs interrelations. Elles intègrent tant les sociétés humaines que les non-humains et tracent des chemins relationnels entre existants ; de même, elles prennent en compte les diverses manières d'habiter conduisant à des dépendances mutuelles.

Selon les sociétés humaines, soit les liens du Vivant sont rompus dans la dualité culture/nature, soit ils se situent dans une intégration dans ce Vivant. Il en découle un seuil de fusion des systèmes humains/non-humains qui établit le gradient d'élasticité de la coviabilité.

## Faire coviabilité c'est faire socio-écosystème

« Les savoirs et pratiques pastoraux participent d'une organisation de la société autour du Vivant, et évoluent constamment avec lui. Les sociétés humaines grandissent, non pas en parallèle, mais à la croisée du Vivant » (Entente Interdépartementale Causses Cévennes, France).

Face à l'urgence écologique, l'objectif de viabilité constitue un impératif pour se donner un avenir. Pour tout système humain ou écologique, il va sans dire que conserver sa capacité de survivre, de vivre, reste la première des priorités. Compte tenu de l'absence de planète B, l'existence des humains sur la planète Terre n'est rendue possible que par une coexistence avec le non-humain. Cette cohabitation est contrainte par la dépendance des sociétés humaines aux écosystèmes, à la fois en tant que ressources, que valeur intrinsèque et que cadre et espace de vie (oxygène, eau, terre, milieux, biodiversité…).

Les non-humains, quant à eux, dépendent de la capacité des sociétés modernes occidentales ou occidentalisées à ne pas les éradiquer, tant leur aptitude à la prédation et à la destruction est élevée.

Entrer dans le Vivant impose donc aux humains de jouer collectif, en développant des relations entre espèces et en se connectant les uns aux autres. Entrer dans le Vivant, c'est donc « faire socio-écosystème ».

Témoignage
« d'une connexion inespérée, inestimable »

> « Sans humilité, la forêt ne s'offrira pas à moi. Sans immobilité, elle ne me révélera aucun de ses trésors de vie effervescente. C'est en gardant les yeux et l'esprit bien ouverts que je pourrai sentir ses pulsations ; les pulsations du vivant [...] Ouverture des sens et de l'esprit au sauvage, à la vie de l'instant, au présent du moment. Comme une pause, où tout ralentit et s'estompe, pour ne laisser que l'essentiel du temps qui passe [...] Le petit renard se précipite le long de la crête, manque de me foncer dessus. [...] Seuls mes yeux demeurent visibles, nous échangeons un regard. Il s'avance encore un peu, semblant se montrer confiant. Il vient renifler ma chaussure ; me jette un dernier coup d'œil, et s'ébroue avant de s'élancer, dans mon dos, dans le champ d'herbes hautes [...] Je vais attendre encore un peu, m'assurer de son départ, avant de me retirer. Reconnaissante pour cet instant, cette connexion inespérée, inestimable » (Camille Hue, France).

Les interdépendances sont entre autres biologiques, écologiques, psychologiques, physiques et mathématiques... Faire socio-écosystème c'est donc (re)créer des liens avec le Vivant non-humain, les développer, les approfondir, les sceller... Tout dépend des groupes sociaux, des individus, des façons d'être et de penser le monde. Entrer dans le Vivant-écosystème c'est vivre avec lui, lui laisser sa liberté, l'aimer et le reconnaître pour ce qu'il est et non pas pour ce que l'humain souhaiterait qu'il soit.

C'est encore entrer en harmonie dans le Vivant-biodiversité, en commençant par témoigner une certaine forme de respect. Ce respect prend garde à la velléité « d'aménagement », il prend soin de la continuité écologique tout en considérant la réalité des autres espèces et des autres milieux.

Entrer dans ce Vivant consiste à devenir partenaire en scellant un pacte de non-agression, à mettre un terme aux rapports d'adversité et d'artificialisation.

## Un design des relations entre espèces (animales, végétales et humaines)

Reste à mettre en forme cette nouvelle voie de partenariat, par le design des relations interspécifiques au sein du socio-écosystème réalisé au sein d'un ensemble de contraintes de viabilité. Loin de se résumer à la simple conception d'objets, le design est un moyen et non une fin. Il est un outil de médiation pour la transformation des modes de vie, la création de liens, afin de rendre la terre habitable pour l'ensemble du Vivant. Maintenir cette habitabilité de la terre n'est possible qu'en formant un collectif humain et non-humain structuré par des liens forts.

Ce design peut prendre différentes formes. Par exemple, le laboratoire de recherche indépendant en design, Zoepolis[45], à travers cinq axes de recherche, porte son action sur l'inclusion des vivants

45. https://zoepolis.com/

non-humains dans l'existence des sociétés humaines. Puisque le design est la faculté d'apporter des solutions aux problèmes de société, ce collectif explore de nouvelles pratiques pour désanthropocentrer les visions du monde et donc, faire entrer la question des interdépendances dans les prises de décisions. En ce sens, Nicolas Roesch (contributeur dans cet ouvrage) a développé une méthodologie dite « Umwelt, cycle, ethos » aidant des individus ou des collectivités territoriales à inclure un point de vue non-humain dans leurs actions (exemple, l'entretien des espaces verts).

### Recréer des liens avec le Vivant : faire collectif

> *Un être humain est une partie du tout, que nous appelons « Univers », une partie limitée dans le temps et l'espace. Il fait l'expérience de lui-même, de ses pensées et de ses sentiments comme quelque chose de séparé du reste – une sorte d'illusion d'optique de sa conscience. Cette illusion est pour nous une forme de prison, nous limitant à nos désirs personnels et à l'affection des quelques personnes les plus proches de nous. Notre tâche consiste à nous libérer, nous-mêmes, de cette prison en élargissant notre cercle de compassion pour embrasser tous les êtres vivants et la nature tout entière dans sa beauté. Personne ne peut tout à fait parvenir à ce résultat, mais l'effort consenti pour atteindre un tel niveau de conscience participe en soi à la libération et au*

*fondement d'une tranquillité intérieure* (Albert Einstein)[46].

L'Occident peut rejoindre le monde amérindien par la conscience de l'existence d'un collectif du Vivant fait d'humains et de non-humains. Sortir de la prison naturaliste, d'une dualité pour un tout, un collectif où chacun dispose d'une place identique dans la chaîne des êtres.

> *Dans la vision amérindienne, on ne conçoit pas que la nature soit là en face, alors que l'être humain serait ici ; ou bien qu'il y aurait une grande échelle de l'être où le sol et les arbres occupent le gradin le plus bas, les animaux un gradin plus haut, et l'homme surtout civilisé, le plus haut. On les voit tous plutôt comme frères et membres de la parenté et comme les enfants du grand mystère, enfants de la Mère et parties nécessaires d'un tout ordonné, équilibré et vivant [...]. Chez l'Occident, on divise l'univers en deux parties, une naturelle et l'autre surnaturelle. L'homme n'étant ni animal, ni esprit, n'est ni l'un ni l'autre. On a l'impression que le surnaturel et le naturel sont autres que l'homme. Ceci conduit nécessairement à une position d'aliénation par rapport au monde où il vit. Cet isolement est complètement étranger à la pensée amérindienne. En effet, chaque histoire, chaque chant, chaque cérémonie dit l'autochtone qu'il fait partie d'un tout vivant et que toutes les*

46. Lettre d'Albert Einstein à un rabbin qui cherchait à consoler sa fille de 19 ans au sujet de la mort de sa sœur. New York Times, 29 mars 1972.

*parties de l'ensemble sont interreliées en vertu de leur participation dans le tout* (Gunn Allen, représentante amérindienne, 1976)[47].

Les sociétés modernes (occidentales ou occidentalisées) se retrouvent confrontées à leurs propres contradictions, après s'être enfermées dans leur propre « environnement » en ignorant le reste. Désormais, pour faire face à l'actuelle ère du capital (dite « capitalocène »), la recréation de liens avec le Vivant appelle à un processus transformatif qui s'inspire des rapports symbiotiques des peuples autochtones avec le Vivant, sans forcément les copier.

Cette recréation de liens nécessite au préalable de s'affranchir du rapport de subordination, qui confère au non-humain le statut d'objet, au bénéfice de relations de solidarité écologique, qui lui confère le statut de sujet, au même titre que l'être humain. Atteindre cette harmonie entre sujets fait partie de la symphonie à jouer.

## Un collectif interspécifique

La formalisation du collectif d'humains et de non-humains au sein de notre ère Anthropocène permet de décrypter la façon dont les humains traitent le Vivant. Une mise en lumière est nécessaire pour réviser les modes de penser et d'agir des sociétés modernes.

L'enjeu est de favoriser la coexistence des actants au sein de ce collectif, où la place de chacun doit absolument

47. Propos d'une représentante amérindienne Laguna et Sioux : Gunn Allen, 1976, 148 cités et traduits par Vachon, 1983.

être préservée, afin de ne pas compromettre l'avenir des générations futures.

La notion de collectif recèle en premier lieu la dimension commune de la santé, tellement essentielle. De fait, puisque les humains font partie de la biodiversité, la santé des humains dépend de celle des écosystèmes, de telle sorte que les dégradations des écosystèmes contribuent directement à l'apparition de certaines maladies[48] dites « environnementales », telles que cancers, pathologies respiratoires, allergies, asthmes, maladies cardiovasculaires, diabète, obésité…

L'approche du collectif porte également sur la mise en forme d'une cohabitation au sein de l'ensemble du Vivant. Les relations interspécifiques du collectif soulignent un destin commun des humains avec d'autres espèces animales.

« Il m'est très difficile d'expliquer ce lien avec les dragons de Komodo car il s'agit d'un lien invisible, voire d'un lien d'âme entre nous. Lorsque quelque chose de mal arrive aux dragons de Komodo, nous le ressentons. Inversement, lorsque quelque chose de mal nous arrive, les Komodo le ressentent. De nos jours, ils restent près du village parce qu'ils n'ont pas envie de se séparer de leur famille humaine » (Jeki, Réserve de biosphère Komodo, Nusa Tenggara Timur, Indonésie).

Ce lien rappelle très fortement le rapport de protection réciproque que les villageois bamana de la région de Ségou (Mali) entretiennent avec leur animal « *dasiri* »

48. cf. Robin, 2021 ; Morand et Lajaunie, 2018 ; Thierry, 2020 ; Morand, 2020.

(littéralement qui ferme la bouche du village). Cet animal *dasiri*, le plus souvent un âne ou une chèvre, monté par des djinns protecteurs protège les villageois jusqu'aux confins de leur terroir. En réciprocité, les villageois effectuent des sacrifices au sein de son bosquet sacré (*dasiritu*) et accordent une totale liberté de déplacement à l'animal *dasiri*[49].

## Le socio-écosystème : un espace de coviabilité dans un ensemble de contraintes de viabilité

Aux fondements de la coviabilité, la théorie mathématique de la viabilité étudie la compatibilité entre un système dynamique et un ensemble de contraintes. La prise en compte de ces contraintes est essentielle dans le processus de prise de décision dans la mesure où elle apparaît comme une composante de tout système territorial, écologique ou social : « dans le cas d'un système dynamique contrôlé [régulé], il est possible d'agir sur la trajectoire du système au cours du temps en décidant de la valeur des variables de contrôle. Un problème de viabilité se pose quand il n'y a pas de stratégie de contrôle évidente [régulation] pour conserver l'état du système dans un ensemble de contraintes déterminées [...] qui traduisent sa "bonne santé", ou bien des états désirables ou satisfaisants suivant plusieurs points de vue. La mise en œuvre de la théorie mathématique de la viabilité peut permettre de découvrir, par le calcul, des stratégies qui conservent l'état du système dans l'ensemble

49. Barrière, 1997.

de contraintes » (Isabelle Alvarez, Sophie Martin, Alain Rapaport et Rodolphe Sabatier, France).

Par exemple, un agriculteur qui modifie la rotation de ses cultures (régulations), en prévision de la sécheresse (incertitudes), pour garantir son revenu et la qualité de ses sols (contraintes). Ou encore, un éleveur qui décide de changer la trajectoire de sa transhumance pour accéder à d'autres espaces pastoraux.

La notion de contrainte va donc participer pleinement à l'objectif de rester dans l'espace de viabilité, en entrant dans la négociation de régulations, ce que nous aborderons plus loin dans l'ouvrage. L'enjeu de la viabilité offre une perspective commune et non ambiguë pour la négociation[50] de la régulation entre acteurs.

Atteindre l'espace de coviabilité devient un objectif central pour la pérennité des sociétés. Le fait pour un groupe social de penser son avenir dans cette perspective de viabilité lui garantit une durabilité, tandis que son objectif de développement le menait à une impasse.

## Passer du développement durable à la viabilité socio-écologique

« Finalement, le développement, dans le contexte capitaliste, est incompatible avec un présent et un futur qui entrevoient une résilience réelle des processus. Il entraîne l'humanité à risquer sa propre survie sur la

50. cf. exemple Zaleski, 2019.

planète Terre » (Voyner Ravena-Canete et Catherine Prost, Brésil).

Un tel projet peut paraître incongru sachant que la notion de développement durable est ancrée sur l'ensemble du globe. Par la conférence des Nations Unies de Rio de Janeiro de 1992, sur l'environnement et le développement (Rio de Janeiro, Brésil, 3-14 juin 1992), le droit au développement humain est affirmé dans la déclaration de Rio sur l'environnement et le développement. Il est écrit que *le droit au développement doit être réalisé de façon à satisfaire équitablement les besoins relatifs au développement et à l'environnement des générations présentes et futures* (Principe 3). Dès le principe 1, la déclaration précise la place accordée au Vivant non-humain : *les êtres humains sont au centre des préoccupations relatives au développement durable. Ils ont droit à une vie saine et productive en harmonie avec la nature* (Principe 1).

Il est clair que l'objectif de ce sommet de la Terre est de mettre en avant l'humain et son artéfact occidental du Vivant transformé en « nature ». Comme tous les textes internationaux qui ont suivi, celui-ci se centre essentiellement sur l'« environnement » des êtres humains.

Pourquoi n'arrive-t-on pas à dépasser cet anthropocentrisme assumé ? Parce que les rédacteurs des textes internationaux le présentent comme le projet collectif de l'humanité tout entière, une véritable incantation de la communauté internationale « d'intérêts mutuels » selon laquelle il est considéré comme le mieux-être de tous[51]. Cependant, pour parvenir à cette fin, la notion de développement a été reliée à la notion de croissance (très inégalement répartie à travers le monde) élargissant

51. Ducroux, 2003, 28.

chaque jour davantage le règne de la marchandise. La croissance de la production souligne la primauté de l'économie sur le Vivant, ce qui entraîne systématiquement de la pauvreté et des effets destructeurs sur le Vivant non humain, comme artificialisation et pollutions l'attestent. Le développement est alors présenté par Gilbert Rist[52] comme une « croyance occidentale », un mythe ou un élément d'une religion moderne, une invention qui génère celle du « sous-développement ».

À l'opposé même de la coviabilité socio-écologique, le développement durable est ce qui permet de pérenniser le Capitalocène face à l'urgence écologique. Le développement durable issu du capitalisme et de sa mondialisation, « rabaisse » le Vivant à des produits au service des humains. Sortir de l'économie libérale serait de l'ordre du possible grâce à de nouveaux modèles économiques qui permettraient de produire et de consommer différemment.

L'urgence écologique pousse irrémédiablement à une transformation profonde des sociétés humaines qui veulent s'assurer un devenir. Il ne semble pas utopiste d'atteindre la coviabilité socio-écologique en réalisant le dépassement de cette logique développementaliste. L'utopie se situe dans le fait de vouloir croire encore que le développement et la croissance permettront de résoudre de telles urgences, alors que trente ans de développement durable ont démontré qu'une telle équation est déséquilibrée et non-viable.

52. Rist, 2013.

## Changer de logiciel

L'objectif des sociétés modernes ne devrait plus être le développement économique en tant que tel, mais la création des conditions de viabilité. Pour y parvenir, elles ont la possibilité de s'inspirer des peuples autochtones... Elles peuvent également faire le choix de réajuster les besoins des groupes sociaux à la capacité des milieux, en adoptant une régulation de viabilité à l'échelle territoriale. Ce passage du développement durable à la coviabilité socio-écologique peut emprunter des formes relationnelles permettant de faire socio-écosystème au sein de la biosphère.

Dans les faits, ce passage des sociétés modernes (urbaines et rurales) à la coviabilité se concrétiserait par l'intégration du Vivant dans la logique hygiéniste, le propre n'est pas le béton. Il est possible d'y parvenir en végétalisant les villes, en « sacralisant » plantes et animaux par un statut leur conférant un « droit d'existence ». La notion même « d'aménagement » serait remplacée par celle de « viabilité » et les documents d'urbanisme s'orchestreraient autour d'une écologisation des territoires, au moyen par exemple d'une planification spatio-temporelle des continuités écologiques. L'enjeu de faire « socio-écosystème » consiste à relier l'humain au non-humain autour de l'objectif de viabilité. L'entrée par la régulation associée à des projets concrets permet d'y parvenir.

On peut apporter deux exemples vécus, en Amérique Latine et en Afrique :

- L'émergence du conseil de gouvernance du territoire des Bassins sacrés entre l'Équateur et le

Pérou en 2017. En s'appuyant sur le document (juridique) plan biorégional 2030[53], les organisations fondatrices et les représentants des nations autochtones décident collectivement de *l'attribution des ressources et des travaux prioritaires* dans le respect des cosmovisions autochtones, des droits du Vivant, ainsi que dans le bien-être collectif appelé *Buen Vivir*. Cette gouvernance de territoire favorise des propositions novatrices de réajustement des besoins locaux, tout en promouvant l'utilisation de nouveaux indicateurs de viabilité centrés sur le « bien-être » des socio-écosystèmes[54].

- L'exemple des gardiens Balamansi en Ouganda réunis au sein d'un organe de co-gouvernance intégrant des dispositions coutumières et du droit national. Cet organe veille à la protection des sites sacrés et au maintien de l'équilibre entre activités humaines et préservation de la terre nourricière[55].

Le concept de coviabilité socio-écologique étant posé, il nous faut maintenant le mettre en situation et passer à l'action afin de répondre à cet enjeu de coviabilité.

53. Amazon Sacred Headwaters Initiative Bioregional Plan 203, septembre 2021.

54. Lamara, 2024, 57.

55. Lamara, 2024, 133.

# 3

# Du concept à l'action

Il est possible de passer du concept à l'action au moyen d'une régulation négociée localement : le pacte territorial de coviabilité socio-écologique.

Qu'est-ce qu'un pacte territorial de coviabilité socio-écologique ?

Poser les fondements d'une coviabilité socio-écologique à l'échelle locale nécessite la mise en place d'un processus interne de construction et d'acceptation sociale. Ce processus nécessite une régulation formalisée au moyen d'un « pacte territorial », qui se caractérise par les deux points suivants :

- L'obtention d'un accord issu d'un projet de territoire où une régulation co-construite par l'ensemble des acteurs permet de redéfinir la place du groupe social au sein de cette portion de biosphère ;
- Cet accord se traduit par une intendance territoriale (*land stewardship*), c'est-à-dire une forme de gouvernance territoriale partant des acteurs locaux et associant les échelles supérieures du territoire concerné.

« Compte tenu de la diversité des communautés et des populations… il existe un grand potentiel pour différentes formes de coviabilité. Cependant, il y a de nombreux conflits et chevauchements territoriaux, ce qui implique la nécessité de mettre en place des stratégies de gouvernance » (Danilo Pereira Sato et Yara Maria Chagas de Carvalho, Brésil).

La mise en œuvre de la coviabilité socio-écologique constitue un processus complexe, qui nécessite le recours à une médiation territoriale. Selon les groupes sociaux, l'objectif sera plus ou moins difficile à atteindre. Tout va dépendre de la capacité psychologique des humains à se positionner vis-à-vis du Vivant non humain et à évoluer, si besoin, pour se dégager d'une gouvernance verticale unique et sclérosante.

Le travail s'envisage comme la co-élaboration d'une régulation locale négociée rendue possible par l'organisation d'une démarche d'animation-médiation territoriale. Plus précisément, cette médiation territoriale s'inscrit dans une dimension écologique, dans la mesure où elle intègre une relation au Vivant non-humain. Dans des contextes très occidentalisés, afin d'éviter toute réaction de blocage, le processus de conscientisation se réalise de façon progressive avec une forte dose de diplomatie et un accompagnement technique.

Dans ce cadre, les préoccupations politiques locales sont de parvenir à apporter des réponses aux contraintes d'accès aux ressources, aux besoins de la population et à l'habitabilité du territoire. Il s'agit alors de se doter d'une stratégie d'anticipation et d'adaptation, voire de résilience territoriale.

Parvenus à ce stade, nous sommes maintenant contraints, par une dynamique d'action, à mobiliser le concept de coviabilité socio-écologique. Ce passage de l'abstraction à sa mise en réalité se formalise au moyen d'un projet de territoire intégrant les groupes sociaux aux écosystèmes. Il s'agit de faire socio-écosystème pour faire face aux urgences écologiques et climatiques, de formaliser un projet de vie du territoire pour se donner un futur.

Un travail de régulation autour de la viabilité sociale et écologique doit se conduire à l'échelle locale, afin que le projet territorial élaboré soit au plus proche des réalités socio-écologiques locales.

## Aligner les modes d'existence sur des trajectoires compatibles avec les limites territoriales

Se donner un avenir requiert une compatibilité entre la manière humaine de vivre et le contexte écologique. L'état des milieux (des forêts, de la ressource eau, de la qualité des sols, des prairies, des récifs coralliens…) conditionne les capacités d'existence des groupes sociaux. Les limites écologiques deviennent rapidement des contraintes jouant sur la viabilité du territoire. C'est pourquoi, le fait de s'engager dans une transition écologique ou mieux, à une « adaptation territoriale », appelle à une « redirection écologique », afin d'aligner les modes d'existence sur des trajectoires compatibles avec les limites écologiques territoriales.

« La redirection écologique est un cadre à la fois opérationnel et conceptuel destiné à réencastrer les institutions, les organisations, les territoires ainsi que les infrastructures et outil de gestions qui les soutiennent, à l'intérieur des limites planétaires, et de laisser place à de nouveaux modèles de subsistance, plus viables, à l'avenir [...] la redirection écologique part du principe selon lequel certains modèles, certaines technologies ou encore certaines activités sont nuisibles du point de vue du maintien des conditions d'habitabilité sur Terre [...] Les transformations écologiques soulignent les contradictions du capitalisme... » (Alexandre Monnin, France).

Dans le système économique néolibéral, le profit reste le premier objectif à atteindre (production croissante, par exemple l'expansion terrifiante du Trafic aérien). Cette perspective bute pleinement sur les limites d'accès aux ressources naturelles disponibles et aux niveaux d'émission de CO2. Les limites territoriales se confrontent aux modèles existants de production, d'action et d'intervention sur toute la biosphère, pour le temps présent mais également pour le futur. Les déséquilibres écologiques vont s'amplifier ouvrant des perspectives d'adaptation, de renoncement et de réallocation de moyens. La limitation croissante des ressources questionne la durabilité même de certaines activités, avec leur possible disparition sur le moyen terme.

En pratique, les renoncements se situent essentiellement dans le champ des comportements, des pratiques, des façons de faire ou de raisonner, des prises de décision des acteurs locaux, telles que l'abandon de certains droits, certaines pratiques, de certains modes de consommation ou mode de déplacement.

À une échelle locale, il serait possible par exemple de cesser tout projet d'artificialisation (infrastructures, extension, suppression d'un écosystème...), de développer les circuits courts, d'abandonner les pesticides et la monoculture, de cesser l'élevage intensif, ou bien de sortir d'une gestion forestière purement économique.

C'est donc ce rapport des êtres humains aux non-humains qu'il faut organiser et réguler. Comme Alexandre Monnin vient de le souligner, l'acceptation sociale nécessite la reconnaissance de règles, de normes et d'orientations des politiques publiques à l'échelle du territoire local, sans sous-estimer les autres ou les exclure.

Comment y parvenir ? En décidant ensemble de ce que l'on fait de notre territoire : comment y vivre en fonction des ressources disponibles, comment anticiper et s'adapter au changement climatique, à l'urgence écologique ?

La co-construction d'un pacte de coviabilité territoriale formalise cette redirection écologique par une trajectoire compatible avec les capacités du territoire. Elle assume le défi de répondre aux besoins humains et à leurs attachements, tout en tenant compte de la capacité des écosystèmes. Elle se charge d'élaborer une véritable intendance écologique territoriale au sein d'une gouvernance locale en relation avec les échelles régionale, nationale et internationale.

« Former de nouvelles organisations bio-sociales nous force à repenser les organisations actuelles, pour *in fine* repositionner les humains dans la biosphère » (Nicolas Roesch, France).

## Une intendance écologique territoriale

L'intendance territoriale se définit par une prise en charge de l'intérêt collectif par des acteurs du territoire. Elle traduit leur investissement au sein du projet territorial, au moyen d'une régulation juridique locale adaptée aux enjeux et aux valeurs du territoire. La dimension écologique se réalise par le canal de cette intendance qui signe l'acceptation sociale du processus.

Il est indispensable que les populations puissent s'approprier cette dimension et l'intégrer dans leurs logiques de penser, de faire et de décider. Ainsi, la coviabilité socio-écologique est en mesure de fonctionner à l'échelle du territoire local, si elle est pleinement intégrée dans les consciences, les pratiques et les prises de décision. Toute posture de déni empêcherait d'affronter les réalités, de réceptionner des informations et des données scientifiques. L'héritage d'un monde capitaliste et développementaliste fait émerger de nombreux clivages autour de la relation au Vivant. Face à ces dénis, ces oppositions et la diversité de points de vue, le recours à la médiation apparaît nécessaire pour garantir le bon déroulement et la pertinence de ces transformations socio-écologiques.

Afin d'entrer dans un processus de médiation ou de mise en lien entre pairs, cette phase d'intendance écologique territoriale nécessite de premiers échanges entre groupes d'acteurs spécifiques (agriculteurs, élus, institutions, entreprises…), qui n'ont pas l'habitude de se rencontrer et dont les intérêts divergent souvent.

Plus spécifiquement, l'intendance écologique territoriale se fonde sur les modes d'existence locaux, notamment sur les modes de relation au Vivant (ontologies). L'élaboration d'une intendance territoriale procède d'une démocratie participative de type « contributive ». Autour du projet du territoire, les élus représentatifs ouvrent la participation des citoyens et citoyennes à une négociation, concernant notamment les modes d'adaptation au changement climatique et de prise en compte de l'urgence écologique. Cette intendance se traduit ensuite politiquement et juridiquement dans l'occupation de l'espace, l'aménagement du territoire. Les règles et les normes inscrites dans le projet territorial traduisent une forme de contrat socio-écologique entre les participants de l'espace socialisé qu'est le territoire.

Le processus de médiation territoriale partagé entre l'ensemble des acteurs physiques et institutionnels fait appel à de la négociation écologique[1] ou « écociation » ; celle-ci peut être générée par un mouvement collectif ou orchestrée par des pôles d'écociateurs, dont la raison d'être est de développer ou renouer des liens avec le Vivant non-humain : « Les écociateurs forment un

1. *La négociation écologique vise à accompagner la conversion écologique au moyen d'outils et de méthodes d'actions concrètes permettant de réajuster les relations entre acteurs et de reconsidérer leur lien avec la nature et les cycles du Vivant dans les prises de décisions* (http://negociation-ecologique.fr).

nouveau profil d'acteurs qui fait le lien entre les mondes humain et non-humain. Leur mission est de permettre aux acteurs du territoire d'appréhender les cycles et les mouvements du Vivant sur plusieurs échelles de temps et d'espace afin d'aider la communauté du Vivant à retrouver des relations respectueuses et sans violence » (Séverine Carrez, France).

La construction d'une coviabilité peut prendre différentes tournures en fonction des singularités de chaque territoire. Prenons l'exemple de la réserve de biosphère de la ceinture de São Paulo, mégapole brésilienne de plus de 12 millions d'habitants. Le choix est d'abord politique en associant activement les populations. Il devient ensuite juridique quand il s'agit de la formaliser.

Le processus permettant de parvenir à un territoire coviable comprend des phases qui peuvent varier selon les territoires. Leur mise en œuvre comporte quatre étapes essentielles :

- Établir le niveau de prise de conscience du groupe sur les perspectives d'avenir du territoire. L'objectif est de dégager une stratégie de conscientisation pour une politique d'adaptation à l'urgence écologique.
- Décrypter les modes d'existence endogènes (les façons de chacun d'exister ou comment chacun voit sa façon d'exister) dans l'objectif de définir les différentes ontologies présentes dans le territoire.
- Organiser, afin d'atteindre l'objectif de réintégrer les limites planétaires, une médiation écologique territoriale entre les sujets humains et vis-à-vis des

non-humains, en opérant des transformations des pratiques, des renoncements et des arbitrages.
- Faire émerger les éléments d'une régulation juridique et des orientations de politiques publiques dans l'objectif de réaliser un contrat socio-écologique formalisé par un pacte territorial.

Par-delà ces quatre étapes méthodologiques, la construction d'une coviabilité socio-écologique à l'échelle du territoire vise deux objectifs clés :

1. la détermination du seuil de viabilité du territoire conditionnant tout le processus de co-construction d'une régulation locale ;
2. le maintien de la viabilité des groupes sociaux et des écosystèmes, formalisé par le pacte territorial de coviabilité socio-écologique.

Cette régulation locale, dont le processus est à la fois original et innovant vise à atteindre le Graal du droit « négocié » co-élaboré par les acteurs locaux en remontant vers le droit commun des codes juridiques. Un tel processus est en cours de construction au Kenya :

*La communauté qui entoure la forêt s'est mobilisée et un système de gouvernance a été mis en place. […] Ce que nous voyons, ce sont des idées dispersées qui ont été mises en place. Mais, une fois que nous aurons créé un pacte territorial, il sera possible de les rassembler* (entretien oral avec Linus Wekesa[2], Malindi-Watamu-Arabuko-Sokoke Forest Biosphere reserve, Kenya, 2022).

2. Directeur du Kenya Forestry Research Institute (KEFRI).

## Déterminer le seuil de viabilité du territoire

Le seuil de viabilité conduit au seuil de coviabilité, qui repose à la fois sur les interactions sociétés/écosystèmes, les contraintes sociales et écologiques et les régulations. L'espace de viabilité est limité par un seuil au-delà duquel on sort de la viabilité sociale et de la viabilité écologique.

Figure 7 : Le seuil de viabilité définissant la coviabilité

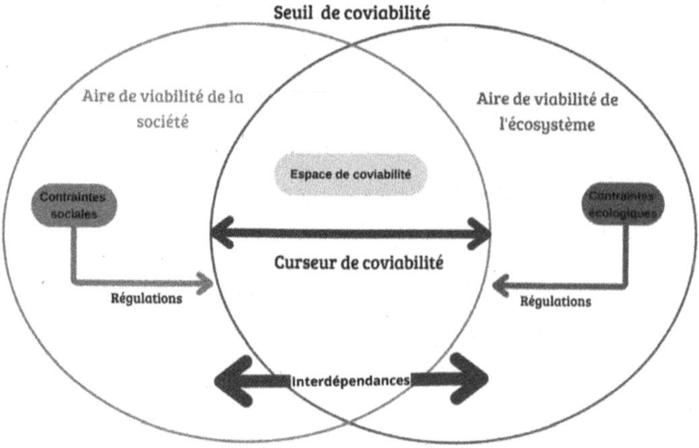


La détermination du seuil de viabilité d'un territoire procède par deux étapes de recherche : la première consiste à réaliser un diagnostic en définissant les interdépendances et les coalitions. La seconde consiste en une recherche-action menant à la co-construction du pacte territorial, destiné à maintenir le fonctionnement du socio-écosystème dans un jeu de régulations.

**1^re^ étape** : Mener un diagnostic de viabilité territoriale faisant émerger ce qui est viable socialement et écologiquement. Dans le même temps, est mis en exergue ce qui n'est pas coviable pour ce même socioécosystème parmi les pratiques, les habitudes locales, les modes de production, les modes de consommation, ainsi que les modes de redistribution des richesses produites…

Poser un tel diagnostic se révèle fondamental, puisqu'il permet de faire ressortir les contraintes sociales et écologiques des modes de vie modernes. Ces derniers nécessitent une réorientation des comportements pour limiter au maximum les atteintes à la viabilité des systèmes sociaux et écologiques.

À cette fin, la mise en évidence des interdépendances et des coalitions avec les écosystèmes (milieux, espèces…) permet de dessiner le tableau des relations de dépendance.

*D'un côté*, de quoi dépendent les habitants ? Ils ont des besoins économiques (alimentation, santé, biens et services), de bien-être, des projets à bâtir, des rêves à réaliser, des aspirations, des perspectives…

*De l'autre*, de quoi dépendent les écosystèmes (prairies, forêts, cours d'eau, biote…) ? Ils nécessitent d'être préservés des pressions humaines (atteintes physiques et chimiques, déséquilibres de la chaîne trophique, altérations de la biodiversité…)

La prise en compte de ces interdépendances fait nécessairement ressortir :

– Des coalitions inconfortables ou impossibles (c'est-à-dire des associations en vue d'une entente), par exemple entre super-prédateurs (humains/ loup, ours, tigre, requin...) ou entre urbanisation/artificialisation et non-humain.

Les enjeux de la coviabilité socio-écologique se situent dans les rapprochements, les adéquations, les mises en commun, les alliances, les relations de paix, le partage et les échanges... jusqu'à l'intégration. Ce partenariat s'oppose donc à « l'adversité » entre systèmes sociaux et écologiques.

– Des contraintes inévitables, imprévisibles comme des limitations, voire la disparition de certaines ressources (l'eau), la nécessité de bannir l'usage des pesticides (pour la santé humaine et écologique). L'obligation de réduire ou de supprimer toute artificialisation, l'abandon ou la réorientation de certains projets (pour ne plus le justifier par une « compensation ») et enfin, la nécessité de sortir de toute forme d'écocide font également partie de ces contraintes.

Mais comment le diagnostic de viabilité peut-il guider la coviabilité du territoire ?

– Ce diagnostic permet aux acteurs du territoire de prendre conscience de la nécessité de modifier, transformer leurs façons d'agir et de réviser leurs relations au Vivant non-humain. Si besoin, il les encourage en raison du destin commun qui relie l'ensemble du Vivant, à repenser les modèles de production pour préserver les ressources et entrer en symbiose avec les écosystèmes et la biodiversité.

– Ce diagnostic propose une régulation répondant aux contraintes écologiques et sociales et génère du partenariat entre les mondes humains et non-humains.

Plus précisément, le diagnostic favorise le maintien des systèmes sociaux et écologiques dans une forme d'équilibre, pour assurer leur viabilité face aux incidents et aux évolutions des situations. Le maintien d'une trajectoire de viabilité a pour conséquence d'orienter les façons d'agir et les prises de décision face aux diverses pressions exercées sur les milieux (artificialisation des espaces, intensification des modes de production, atteintes à la biodiversité, pollutions…)

En pratique, la technologie d'observation de la Terre peut apporter un appui complémentaire aux acteurs du territoire. La télédétection et l'intelligence artificielle peuvent apporter leur renfort dans les recherches portant sur les contraintes du seuil de viabilité, sur les interactions entre processus naturels et anthropiques et sur les interdépendances entre systèmes.

« En ce qui concerne la contrainte du seuil de viabilité, l'observation de la Terre a le potentiel de fournir un ensemble d'indicateurs caractérisant des processus biologiques, physiques, chimiques, socio-économiques, basés sur cette même notion de seuil (seuillage de NDVI[3]) pour caractériser l'état du couvert végétal, seuil de risques sanitaires ou naturels, seuil de cohérence pour détecter des changements…). La combinaison de différents indicateurs seuillés est une démarche classique utilisée par les télédétecteurs et les modélisateurs pour définir l'état d'un système et en étudier la dynamique spatiale et temporelle. Cela est particulièrement prégnant dans le contexte des changements globaux actuels où les dynamiques qui affectent les socio-écosystèmes s'opèrent à des vitesses et des intensités sans précédent. L'étude

3. NDVI : séries temporelles d'images haute résolution visible.

du seuil de viabilité des systèmes peut donc, parmi de nombreuses approches, être basée sur les connaissances fournies par l'observation de la Terre et des indicateurs qui en découlent » (Thibault Catry, Renaud Hostache, Gwenaelle Pennober et Jean-François Faure, France).

La définition du seuil de viabilité d'une société ou d'un biotope, transite par l'usage de capteurs et d'indicateurs touchant à leurs interactions et à leurs contraintes. Les données fournies par différentes sources conduisent à savoir si l'on se situe sur un « point de bascule » (*tipping point*) soulignant un état de non-coviabilité ou dans un état de coviabilité. « Observées à toutes les échelles de l'histoire de l'Homme, les interactions climat-homme-écosystème montrent des discontinuités majeures, illustrant le passage de "points de bascule" physiques, biologiques ou sociaux au-delà desquels l'écosystème n'est plus viable. Ces seuils critiques marquent la bascule d'un socio-écosystème à un autre » (David Williamson, Christine Omuombo, Osman Awaleh, Amos Majule, Juliana Prospéri, Pierre-Etienne Mathé, Jalludin Mohamed, Djibouti).

Cependant, l'état de viabilité d'un système reste toujours dépendant de sa régulation.

**2^e^ étape** : Formaliser une régulation locale co-construite par le moyen d'un pacte de territoire, en tant que droit négocié[4].

4. « Le droit négocié définit au sein d'un espace de régulation un syncrétisme de valeurs et de modèles de comportement d'"être" et de "devoir-être" concerté entre acteurs locaux, régionaux et nationaux pour un droit se situant dans une perspective interculturelle

Les normes adoptées par le droit de la coviabilité socio-écologique sont d'autant plus légitimes qu'elles régulent les besoins du territoire avec tous les acteurs concernés. L'objectif de la régulation locale se polarise sur l'intérêt collectif (tout en maintenant un niveau de liberté individuelle). Il mise tant sur le territoire, que sur la biodiversité qui caractérise son espace d'existence (qui est à la fois cadre et ressource de vie).

Partant de là, l'équilibre visé comporte deux impératifs : le plancher social de la qualité de vie des humains et le plafond écologique de la préservation des écosystèmes[5]. Au-delà de cette recherche d'équilibre, il faut atteindre une forme d'intégration du social dans le biologique ; finalement, il faut reconnecter l'humain à la biosphère.

Une expérience en Cévennes (France) est en cours depuis plusieurs années au sein d'une intercommunalité située dans le département du Gard, au sud du Massif central. L'exemple du pacte pastoral intercommunal « Causses Aigoual Cévennes Terres solidaires » marque le besoin d'une solidarité territoriale autour d'un enjeu. Il a été adopté en 2015 par les élus locaux (conseil communautaire)[6]. L'enjeu de ce pacte territorial est le maintien

---

simultanément légitime aux yeux de la communauté (locale) et de la Nation » (Barrière et Faure, 2012). Voir également le Glossaire en fin d'ouvrage.

5. Voir à ce propos la théorie économique du donut/doughnut de Kate Raworth, 2017 et 2018.

6. Cette expérience se déroule en France, où le pacte est issu du champ de compétences conférées par le législateur aux intercommunalités pour l'aménagement de l'espace, la protection et la mise en valeur de l'environnement et le développement économique. Le conseil de la communauté de communes adopte des décisions à la majorité des deux tiers. Précisons que la France est passée d'une

et le développement de l'élevage extensif. Il est toujours mis en œuvre de nos jours[7].

Dès le départ, la population assoit le fondement du pacte sur l'intérêt collectif de l'activité pastorale, laquelle participe depuis des siècles au façonnage des paysages.

Le pacte s'articule autour du droit d'usage pastoral, entre principes directeurs et destination pastorale. Il apporte des engagements de la collectivité locale sur des orientations de régulation juridique, comme la servitude pastorale, un zonage spécifiquement pastoral ou une clause de priorité pastorale dans la transmission des propriétés.

Pour surplomber le régime de droit de propriété, le pacte met en avant un intérêt phare de l'intercommunalité : l'activité pastorale. De fait, l'ériger comme tel lui donne une dimension patrimoniale matérielle et immatérielle pour le territoire.

De la sorte, la collectivité locale crée un « Commun pastoral » trouvant sa source dans un enracinement spatial et temporel du territoire. Le pastoralisme fait corps avec le territoire en lui assurant une identité socio-écologique par le caractère agro-écologique du pastoralisme.

---

intercommunalité dite « de gestion », où la coopération n'avait pour but que de gérer certains services publics exigeant des investissements importants à une intercommunalité dite de « projet », dont l'objectif est de conduire des politiques publiques locales s'inscrivant dans des projets de développement. L'adoption de pactes de territoire s'inscrit pleinement dans cette vision d'intercommunalité de projet.

7. Voir : https://caussesaigoualcevennes.fr/competences/pacte-pastoral/

Figure 8 et 9 : le pacte pastoral intercommunal adopté en 2015 pour faire entrer dans le droit un « commun territorial » et un « droit d'usage pastoral »

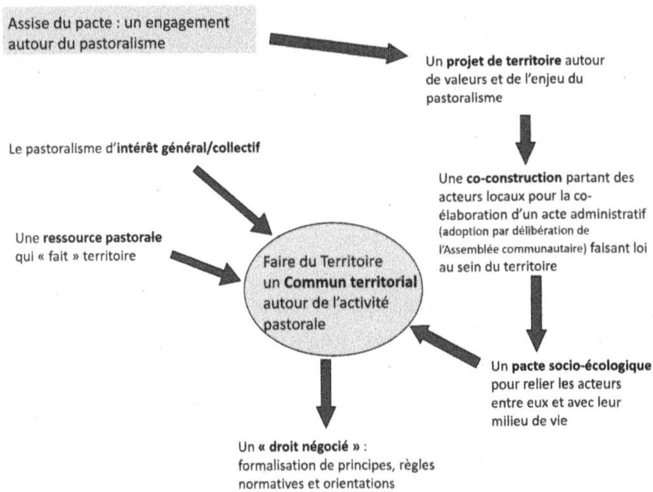


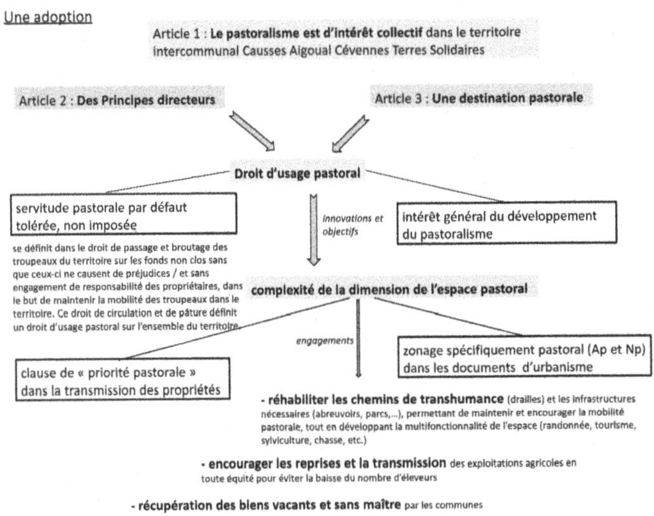

Dans son processus d'élaboration, le pacte pastoral traduit une innovation juridique importante, une formation normative « par le bas », appelée « droit négocié »[8].

Depuis son adoption, est apparu le besoin d'une « transition écologique ». Déjà ancré dans une solidarité territoriale, le pacte pastoral doit maintenant répondre pleinement à l'urgence écologique en se transformant en pacte de coviabilité socio-écologique ou en pacte de « solidarité écologique ».

## Le pacte territorial de coviabilité socio-écologique : une régulation locale garante de la viabilité des groupes sociaux et des écosystèmes

La mobilisation d'un pacte de transition écologique, appelé pacte de coviabilité socio-écologique, se fonde sur l'objectif d'atteindre une viabilité territoriale. Cette viabilité s'articule autour de la coexistence des humains avec les non-humains. Elle se traduit par une régulation comprenant des engagements, ainsi que des choix de trajectoires, lesquels sont traduits au moyen de normes et de politiques publiques, assorties d'un plan d'actions.

La légitimité du pacte repose sur sa nature démocratique. On parle même de démocratie contributive, puisque l'ensemble des acteurs du territoire vont apporter une contribution directe à l'élaboration de ce texte. Il ne s'agit pas d'une simple consultation publique, mais d'une véritable co-décision, donnant lieu à un texte partagé dont

8. Précédemment défini et voir le Glossaire en fin d'ouvrage.

l'adoption s'effectue par délibération des institutions politiques locales (le vote).

Le processus de co-construction s'organise, *via* une animation et une médiation territoriale, autour de l'élaboration d'un projet commun d'adaptation à l'urgence écologique. Le pacte opère des arbitrages, des renoncements et des ruptures, afin de s'adapter pour répondre aux transformations environnementales. S'adapter, c'est se transformer, voire se réinventer. Le pacte contribue à réinventer le territoire, en effectuant des choix d'avenir et des perspectives. En cela, il formalise la solidarité écologique et devient l'assise de la coviabilité du territoire qui l'a adoptée.

Cependant, le fait d'avoir un texte adopté à un instant T ne suffit pas. En effet, les régulations juridiques doivent s'adapter aux mutations des socio-écosystèmes et aux incertitudes du franchissement des limites planétaires. C'est pourquoi, le pacte de territoire doit être mis en œuvre au moyen de régulations et d'actions. Des orientations politiques suivent le mouvement de cette transition énergétique et écologique assumée. Elles se traduisent par des choix de société effectués localement pour ensuite essaimer jusqu'à une échelle nationale, voire internationale.

## Du droit négocié pour une cohabitation partenariale : briser la frontière entre les sachants et les décideurs

L'état de coviabilité dans lequel se situe tout groupe humain dépend de son rapport ou de son mode relationnel au Vivant non-humain. La question du vivre ensemble, de faire socio-écosystème ou pas, se trouve conditionnée par la forme d'interactions que l'humain entretient avec le non-humain. Il peut être de deux ordres : adversaire ou partenaire.

Le passage du statut ontologique d'adversaire à celui de partenaire relève des schémas culturels (d'être et de penser) internes au groupe humain ou à l'individu. Mais ce statut n'est pas figé, c'est-à-dire transmis ou appris une fois pour toutes. Le passage d'une relation d'adversité avec le vivant non humain à un partenariat peut s'élaborer au sein de la société et se formaliser dans une régulation négociée, au sein du territoire.

Cette régulation négociée vis-à-vis des écosystèmes ou de la biodiversité peut être décrite comme une sorte de contrat (le contrat faisant loi) entre les acteurs du territoire, y compris les visiteurs de passage. Pour aller plus loin, on peut dire que ce contrat s'effectue entre actants territoriaux, c'est-à-dire entre tous les êtres vivants, y compris aux non-humains, et même au territoire[9], auxquels le statut de sujet est accordé.

Ce droit négocié procède de la diplomatie, au sens où chacun doit se « plier en deux » pour atteindre l'autre sur un même territoire. La négociation porte sur l'élaboration d'une nouvelle carte d'interaction entre humains et non-humains[10] dans la perspective de leur intégration et de leur mise en lien.

9. Cf. la thèse de Brites, 2024.

10. Cf. Morizot, 2016.

## Le contenu du pacte territorial de coviabilité socio-écologique

Les élus et les acteurs locaux disposent d'un texte concret formalisant le collectif humains/non-humains et établissant des arbitrages pour garantir la viabilité de leur territoire.

Ce texte doit être vu comme un outil de régulation appuyant les décisions de politique publique et ayant une forte propension à être accepté par les personnes concernées.

Le pacte territorial se conçoit, dans une optique de viabilité, comme un outil de régulation de l'accès aux ressources pensé pour et avec les acteurs du territoire. Il permet de poser un fondement juridico-politique (co-élaboré et co-légitimé), d'orienter et d'appuyer les politiques publiques territoriales, les pratiques et les actions des acteurs.

Défini comme un projet de territoire auquel il apporte un sens commun, il s'applique à tous les acteurs qui le fréquentent, y compris à ceux qui n'ont pas participé à son élaboration.

Il est considéré comme le patrimoine commun, des générations passées, présentes et à venir.

En quelque sorte, le pacte mobilise les acteurs territoriaux, avec lesquels il dresse une feuille de route pour préparer et construire l'avenir. Il permet de dessiner des solutions sur-mesure, autour desquelles un consensus maximal peut être atteint.

Dans l'échelle normative, son adoption requiert une délibération locale des élus. Le pacte constitue ainsi un acte administratif, dont les effets territoriaux s'opposent à tous, résidents et non-résidents. Il ne s'exprime pas forcément dans un droit coercitif, mais il constitue une création normative, dont la légitimité oblige l'ensemble des acteurs.

La force juridique du pacte se situe à plusieurs niveaux. Il est une force prescriptive, normative, d'orientation des politiques publiques et il fixe une éthique territoriale.

Dans un souci d'efficacité, de légitimité et d'acceptation sociale, le pacte naît d'une régulation délibérative en formalisant du droit local. Son processus de création s'enracine dans une co-construction et une négociation portées par des acteurs locaux. Il s'intègre nécessairement dans l'infrastructure juridique nationale, sachant que chaque pays dispose de sa propre organisation juridique.

Ainsi, le pacte de coviabilité territoriale se fonde sur une démarche de participation citoyenne qui structure une intendance territoriale[11], afin de traduire à la fois une solidarité sociale et écologique ainsi qu'un engagement citoyen pour s'adapter aux bouleversements socio-écologiques. En cela, le pacte formalise un projet de territoire en raison de son assise à la fois politique et juridique.

Résultat d'une délibération locale, l'acte administratif qui le fait naître fournit un adossement politique qui

11. L'intendance territoriale se définit dans une gestion quotidienne par les acteurs même du territoire dans l'intérêt de tous. Elle traduit une prise en charge et l'accaparement du projet du territoire par les acteurs locaux concernés et s'assortit d'une gestion et d'une responsabilisation endogène des communautés d'habitants (voir une définition plus complète dans le Glossaire en fin d'ouvrage).

justifie les contraintes négociées, sous formes de règles et de normes, socialement décidées et donc acceptées.

## Le processus de co-construction du pacte de coviabilité socio-écologique

Dans un tout premier temps, une pluralité d'acteurs composant le territoire participent à la co-construction d'un pacte territorial qui se réalise à dire d'acteurs (et non pas d'experts). Nous entrons par-là dans une dimension de démocratie contributive.

La première phase du processus, dite de diagnostic, porte sur l'écoute du territoire d'où émergent les réalités des acteurs. Leurs témoignages sont recueillis au moyen d'entretiens, d'enquêtes et d'échanges et permettent de prendre connaissance de leurs idées, aspirations et envies. La matière recueillie donne lieu à des constats et à la construction des problématiques liées aux enjeux écologiques.

La seconde phase est dédiée à l'émergence d'un projet commun de viabilité territoriale qui fait sens pour les uns et les autres. Il s'agit d'une part de créer du lien entre acteurs autour de ce projet et d'autre part de penser à des mesures d'actions concrètes en échangeant autour de la solidarité écologique, de sa signification à sa réalisation.

Dans un même temps, ces acteurs sont conduits à s'interroger sur l'interdépendance humains/non-humains et à proposer des méthodes, des prises de décisions… jusqu'à un début de plan d'action avec un arrêt sur certaines pratiques.

La troisième phase est celle de la mise en forme, de la précision, du partage des termes, des agencements des engagements, des renoncements, des contraintes consenties collectivement… Mais c'est aussi le temps des désaccords, des oppositions… des réconciliations, des mises en débat, de nouveaux accords… et des arbitrages.

La quatrième phase est consacrée au processus juridique d'entrée dans la légalité. Nous allons de la démocratie participative-contributive à la démocratie représentative. Ce temps qui engage des élus dans leur rôle de représentation politique est celui du processus d'adoption conduisant à la délibération.

La contribution de la recherche scientifique au processus de co-construction est de différentes natures. Outre l'apport de données scientifiques explicitées (en sciences de la nature et en sciences humaines), la recherche représente une force de propositions et d'accompagnement.

L'apport peut consister en un travail spécifique de montage de scénarios d'avenir, en partant des données climatiques, de l'état des écosystèmes et de la biodiversité, des ressources disponibles dans leur quantité et leur qualité (comme l'eau, la terre, les pâturages…).

Les enquêtes menées auprès de la population (y compris auprès des exploitants) permettent la prise en compte fine des réalités de terrain et notamment des préoccupations des acteurs locaux. Cette écoute du territoire donne lieu à des analyses qui se croisent avec les données écologiques et physiques (climatiques, etc.).

La viabilité territoriale se dessine ainsi progressivement, au moyen de régulations et de politiques publiques autour de l'enjeu d'un « faire commun » pour un « vivre ensemble ». L'intérêt collectif ne saurait se réduire à la somme des intérêts particuliers, il s'élabore au sein du groupe pour répondre au besoin de solidarité, sans s'inscrire dans les individualités.

Dans le cadre du pacte territorial, la solidarité écologique se construit dans la mise en lien. Relier les existences humaines aux écosystèmes à travers les interdépendances. Le pacte se focalise sur ces liens, les crée, les invente, les développe. La singularité de chaque territoire ne peut permettre de proposer un modèle.

C'est aux acteurs de se mobiliser dans le processus de co-construction du pacte ; ils identifient, à leur niveau, tous les modes relationnels possibles et envisageables : la place de l'arbre, des espaces verts, des haies dans le milieu urbain, la continuité écologique, l'arrêt de l'artificialisation, le rejet de toute forme de mitage de l'espace (éparpillement de constructions et d'infrastructures), le zonage des documents d'urbanisme, les modes de cohabitation avec les prédateurs… Tous ces aspects dépendent du niveau de conscience des acteurs et des formes d'ontologies, lesquelles sont transformées en valeurs que le droit va intégrer dans son langage.

## Intégrer la coviabilité socio-écologique dans le droit

« Au regard de l'effondrement de notre écosystème, il semble urgent que l'humain considère l'environnement dans lequel il évolue et les espèces avec lesquelles il cohabite. Si les juges du continent américain sont capables d'entrevoir une conception novatrice, respectueuse et écocentrique du Vivant, alors il paraît urgent que le monde entier prenne le pas » (Léna Barrière, Canada).

À l'échelle locale, le pacte territorial permet l'intégration de la coviabilité dans le droit. Mais à l'échelle nationale et internationale, cette intégration juridique n'est pas encore possible, en raison du fait que le droit reste campé sur une ontologie naturaliste (dualité nature/culture) et sur l'objectif de développement durable qui repose sur le modèle occidental d'une économie néolibérale.

Comment cette intégration juridique peut-elle se réaliser ? Elle peut s'effectuer en trois temps :

- effectuer pour les non-humains le passage du statut d'objet qui les conditionne actuellement au statut de sujet ; c'est par l'intériorité de l'être que ce passage peut se réaliser ;
- mener un processus par les schèmes cognitifs, les ontologies saisies par le droit ;
- réaliser une transcription traduite dans un « droit de régulation »[12].

## L'intériorité, élément déclencheur du sujet de droit

La prise de conscience relève d'un processus intérieur à l'être humain et au corps social. Les pensées de l'intériorité relèvent de l'âme, de l'esprit, du pyschisme et de

12. Déjà défini précédemment (figure 2) : produit d'une négociation associant à la fois le droit positif (de l'État) et le droit socio-culturel ou « endogène », le droit de régulation est propre à chaque groupe social (cf. Chevallier, 2001).

la cognition[13]. Ce dernier terme retient notre attention. L'attribution du statut de sujet aux non-humains (alors que les droits positifs – de la plupart des États – considèrent le Vivant comme des objets) ne peut se réaliser qu'en se fondant sur les capacités cognitives de ces derniers. C'est cette cognition qui fait la relation avec l'environnement, qui permet la perception, la concentration, l'acquisition de connaissances, le raisonnement, l'adaptation et l'interaction avec les autres vivants, etc.

La projection du droit humain aux non-humains s'effectue sous l'angle de la sensibilité, de la souffrance psychique, du bien-être, des capacités cognitives. L'intériorité est appréhendée par le droit pour penser le non-humain en sujet de droit[14] : *La reconnaissance d'une âme, d'une forme de vie psychique, puis désormais de capacités cognitives sont autant d'arguments utilisés pour justifier moralement et politiquement que le droit humain puisse s'adresser à certains non-humains et laisse entrevoir la promotion d'un « cognitivisme juridique »*. L'apprentissage et la transmission de la connaissance autorisent à élever les non-humains non pas au rang d'humain, mais de sujets juridiques compte tenu de leur sensibilité, de leur réceptivité et de leurs modes de communication signant une identité psychique[15]. Le sujet de droit trouve son origine dans le *sujet du droit*, c'est-à-dire « mis en fonction »[16] par un texte juridique, produit d'une loi, d'un code, d'un système juridique ;

13. Cf. Morizot, 2016.

14. Aidan, 2021, 93 et 103.

15. Ensemble des « signes juridiques » relatifs à la vie psychique de la personne humaine, permettant de l'individualiser singulièrement (Aïdan, 2015 ; Aïdan, 2022).

16. Chaumon, 2004.

d'une reconnaissance mise en forme d'une entité, humaine, animale ou végétale, voire davantage. Dans tous les cas, l'intériorité déclenche le statut juridique de sujet en raison d'une conscience reconnue.

## Des ontologies juridiques

L'ontologie[17] se réfère à la conscience. La conscience peut se définir comme la *relation intériorisée immédiate ou médiate qu'un être est capable d'établir avec le monde où il vit et avec lui-même.* C'est la faculté d'un individu de se connaître dans sa propre réalité et de la juger. L'intériorité par la conscience exprime la relation avec l'extérieur par son mode d'existence. Ce dernier dépend de la façon de se positionner dans sa sphère de vie.

Chez l'humain, on va parler d'ontologie, comme nous l'avons définie précédemment en début d'ouvrage. Pour rappel, l'ontologie caractérise la façon des groupes sociaux d'être et d'exister, de vivre le monde, en partant des identifications culturelles qui leur sont propres. Ce qui définit le droit en tant que système relève de la façon dont la société habite son territoire, à toutes les échelles. L'ontologie juridique ne peut donc se définir qu'avec une ontologie ethnographique, le regard juridique en appelle au regard ethnologique, voire anthropologique. Parce que les comportements, les actions et les pratiques sont indissociables des ontologies : la motivation d'agir n'est pas le fruit du hasard, mais le produit d'une construction

17. L'ontologie est la façon d'être et d'exister, de vivre le monde partant des identifiants culturels qui leur sont propres. Cf. le Glossaire en fin d'ouvrage.

ontologique[18]. Ainsi, la règle et la norme seules nécessitent un processus d'acceptation sociale qui est l'intégration dans la compréhension individuelle et collective car la perception et l'action sont indissociables[19].

L'ontologie juridique formalise la « matrice culturelle du droit ». Le droit n'étant que l'expression de valeurs des schèmes socio-culturels et des réalités cosmologiques. Plus précisément, on peut définir deux types majeurs d'ontologies juridiques des rapports des sociétés au Vivant, à la biosphère ou à la nature. Soit l'ontologie est de type naturaliste, celle qui se fonde sur la séparation des sociétés humaines au reste du Vivant, autre qu'humains (nature/culture) ; soit l'ontologie est de type relationnel, celle qui se fonde sur un lien organique avec le Vivant (l'humain intègre le Vivant)[20]. En fonction du lien, ou du « non-lien », entretenu entre les sociétés humaines et le reste du Vivant, le sujet de droit ne sera pas le même : restreint aux humains (personnes physiques et morales) dans le premier cas, étendu à l'ensemble des êtres vivants (espèces, écosystèmes) dans le second. On touche là à l'intériorité du sujet de droit[21] que nous venons d'aborder.

Dans l'objectif de faire entrer la coviabilité socio-écologique dans le droit commun (national et international), il devient vraiment impératif de décoloniser la

18. Escobar, 2018.

19. Penelaud, 2010, 8 *et s*.

20. Nous ne parlons pas ici de « droit animiste » utilisé par des juristes positivistes, comme Hermitte, 2018, 270.

21. Aïdan et Bourcier, 2021, 93.

pensée juridique en se dégageant de l'emprise occidentale. Cela revient à bouleverser la matrice culturelle du droit[22] qui dépasse largement dans le monde la dualité naturaliste (nature/culture) pour opérer u*ne transition d'un droit protecteur vers un droit perspectiviste*[23]. En d'autres termes, il convient de passer d'un droit de l'environnement « protecteur » à un droit de la coviabilité socio-écologique, en effaçant tout rapport de supériorité, au profit d'une mise en relation d'une diversité des points de vue.

## Transcrire juridiquement la coviabilité : un droit de la coexistence, un droit de la réconciliation

En ce qui concerne le curseur de coviabilité que nous avons vu précédemment, la régulation constitue un point névralgique face aux contraintes et aux interactions socio-écologiques. Rappelons que la régulation consiste à cadrer, mettre en règles, suivre un tracé, poser des jalons… pour répondre à la nécessité de rester dans un espace de viabilité.

La viabilité d'une société humaine est soumise à des dépendances (l'air respiré par exemple) et des

22. *La culture juridique peut se présenter comme un ensemble de conceptions, de représentations et de modes d'action, conscients ou inconscients des acteurs d'un système juridique, qui s'inscrivent dans une certaine durée, et qui lui permettent de produire des valeurs, des normes, des institutions* (Hererra, 2016). Sur la matrice juridique : Martin-Bariteau, 2020 ; sur la matrice culturelle : Baechler, 2009.

23. Yzquierdo, 2022, 7-9 et 442.

interdépendances (avec les écosystèmes). Cette soumission génère un lien de viabilité qui devient juridique pour assurer la survie du groupe social. C'est ce lien qui fait droit : vivre, exister, se reproduire, se déplacer… Ce lien juridique est un lien d'interdépendance, en reliant, connectant au moyen de fils d'interactions que le droit définit comme solidarité écologique (code de l'environnement français, art. L110-1).

Mais ce lien est aussi un lien de continuité écologique entre vivants générant des passerelles au travers de règles, de normes, de statuts, de classements, de schémas, de zonages…

« Le principe de solidarité écologique pourrait agir comme un levier de transformation vers la durabilité en levant les blocages du passage à l'action dans les politiques publiques dans une approche trans-sectorielle et intégrée des enjeux environnementaux. En effet, il présente toutes les caractéristiques d'un principe structurant qui peut participer à un concept général adapté au contexte à la fois de la recherche d'une harmonie avec le reste du Vivant et d'urgence écologique. Il concrétise et symbolise un pacte pour notre survie et donc une démarche consciente et volontaire » (Agnes Michelot, France).

Conférer un droit à la viabilité c'est reconnaître un droit de la coviabilité en qualifiant de coviable ou non une situation, un contexte, une pratique, une action, une décision, un comportement… La coviabilité devient ainsi à la fois un acte juridique : faire, ne pas faire, renoncer, transformer, modifier… où ne rien faire, c'est faire. C'est également un acte politique : ne pas aménager donc ne pas détruire, perturber, dégrader un biotope, un milieu, un paysage…

Mais allons plus loin en fait et en droit ! La coviabilité ne consiste pas seulement à « protéger », à vassaliser en quelque sorte, mais elle signifie vivre sans détruire, sans artificialiser, sans nuire au Vivant autre qu'humain. Exister sans supprimer d'autres existences. Rester viable en étant coviable, être coviable pour demeurer viable.

Le droit de la coviabilité peut être vu comme un droit de la paix entre vivants parce qu'elle constitue le droit d'une cohabitation incontournable. Ainsi, le droit de la coviabilité n'est autre que le droit de la cohabitation, du « vivre ensemble » en faisant socio-écosystème : ce n'est plus le droit de l'environnement ou de la nature, mais le droit du socio-écosystème ou le droit de la coexistence humains/non-humains. Cependant, la démarche peut aller encore plus loin, dans le cadre d'une justice transitionnelle (de transition d'un conflit vers la paix), au nom d'un droit de la coviabilité socio-écologique, la victime non humaine (écosystèmes, espèces, jusqu'au territoire) peut prétendre à réparation et réconciliation[24].

---

24. cf. Brites, 2024.

# Conclusion : diffuser la coviabilité socio-écologique pour se donner un futur

Le concept-paradigme de la coviabilité peut se diffuser par son institutionnalisation juridique « par le bas », au moyen d'une mise sous licence du pacte territorial de coviabilité socio-écologique. Le pacte entre ainsi dans le droit par un acte politique, au moyen d'une adoption délibérative par les élus locaux. Et dans un second temps, il y entre par un accord territorial sous licences d'intérêts communs du Vivant « Creatives Commons »[1].

« Il faut identifier les bases de ce qui nous rassemble autour du projet de coviabilité, c'est-à-dire quels critères composent les modules de ces licences : préservation des écosystèmes, exploitation coviable des ressources, non-appropriation du Vivant, généraliser l'agroécologie… et décider autour de quels symboles nous voulons rassembler. À l'instar des Creatives Commons, apposées sur un texte, en bordure d'un champ ou d'une forêt, sur un site internet, sur le panneau routier à l'entrée d'une commune…, partout elles diraient en quelques signes : “ici, nous nous

---

1. Pour appliquer une licence creative commons, c'est simple, il suffit de suivre le guide à l'adresse https://chooser-beta.creative-commons.org/.
Une fois que les « paramètres » de la licence sont déterminés, un pictogramme est proposé avec une phrase type et un lien vers la licence complète à apposer au document.

mobilisons et défendons les intérêts communs du Vivant" ! » (Pierre Trendel, France).

À l'heure de l'urgence écologique et de l'effondrement de la biodiversité, nous savons bien comment nous en sommes arrivés là ; malgré les nombreux lanceurs d'alertes qui n'ont cessé de… faire leur travail de conscientisation sur l'état de la planète et de ses ressources.

Nous ne pouvons plus contourner la très légitime question du bilan d'un demi-siècle de protection de l'environnement, de la nature, de la biodiversité : effectivement, ce bilan « est catastrophique », que l'on se tourne vers les rapports du GIEC (Groupe d'experts sur l'évolution du climat), vers ceux de l'IPBES (Plate-forme sur la biodiversité et les écosystèmes) ou encore vers l'état planétaire des ressources. Il existe donc un réel problème !

Le cœur de l'Anthropocène se loge dans la séparation entre les humains et le Vivant non-humain, lequel est rendu tributaire d'une humanité, qui s'auto-positionne sur un piédestal.

De fait, une véritable décolonisation de la pensée juridique s'impose, elle appelle à transformer les systèmes de pensée dualistes du rapport au Vivant.

La coviabilité socio-écologique constitue une réponse qui intègre le double impératif d'une « écologisation de la société », en même temps qu'une « socialisation de l'écologie »[2]. Elle souligne de cette manière des liens d'interdépendance entre société et écologie ou entre humains

2. Arnsperger et Bourg, 2017.

et non-humains, auxquels seul un droit de la coviabilité socio-écologique peut répondre.

Notre réponse propose de changer de paradigme, de se « remettre à niveau » pour se reconnecter à la b•iosphère. Redevenir un *homo sapiens* qui vit avec les autres espèces et non plus au détriment des autres espèces. Il est possible d'opérer ce changement de paradigme en construisant un droit[3], non pas un droit de la nature, puisque la nature ça n'existe pas[4] !

Pourtant, ce droit de la nature commence à émerger en Europe après l'Équateur qui reconnaît la nature, *Pacha Mama*, comme « sujet de droit » (dans sa constitution de 2008) et la Bolivie en 2010 qui définit la Terre Mère dotée de droits comme un *système vivant et dynamique comprenant la communauté indivisible de tous les systèmes de vies et être vivants, inter-reliés, interdépendants et complémentaires, qui partagent un destin commun*[5] ; et deux ans plus tard reconnaît les *droits de la Terre nourricière en tant que sujet collectif d'intérêt public* (art. 4a)[6].

« C'est dans un timing plutôt inattendu en occident, qu'une lagune (située dans la province d'Alicante en bordure de la Méditerranée) dénommée "*mar menor*"

3. Bourg, 2019, 407.

4. Descola Philippe, 2020 : https://reporterre.net/Philippe-Descola-La-nature-ca-n-existe-pas

5. Loi organique sur les droits de la Terre Mère « Ley de Derechos de la Madre Tierra », n° 71 du 21 décembre 2010.

6. Loi-cadre « Ley de la Madre Tierra y desarrollo integral para vivir bien », n° 300 du 15 octobre 2012.

va faire parler d'elle. Le 20 septembre 2022, le législateur espagnol adopte une loi qui reconnaît que la lagune est titulaire de droit et qu'elle est sujette de droit. Il lui octroie ensuite la personnalité juridique, et y adjoint la possibilité pour toute personne d'en défendre les intérêts, en cas d'atteinte, devant un tribunal. C'est la première fois que les droits de la nature jaillissent en Europe, avec une telle puissance dans le dispositif, que le niveau est maximal » (Alexandre Zabalza, France).

En fait, il ne s'agit plus seulement d'améliorer et de faire appliquer le droit de l'environnement existant (ce qui serait déjà très bien), mais d'aller bien plus loin !

Il est désormais question de penser un droit de la coviabilité socio-écologique qui confère le statut de sujet aux éléments du Vivant (animaux, arbres, rivière, biotopes…).

La fonction première du droit devrait *permettre la reconnaissance de limites aux excès des activités humaines principales responsables de la destruction des équilibres écologiques*[7] ; ces limites seraient concrétisées sous forme d'interdits. Néanmoins, il devient nécessaire de dépasser les « interdits » (sans les supprimer) car cette juridicisation des interdits, même sous une forme radicalisée, n'est aujourd'hui plus suffisante pour enrayer la nocivité des pratiques humaines. D'où le besoin impératif de conférer le statut de sujet de droit aux composants du vivant.

La diffusion de la coviabilité socio-écologique permettra d'entrer dans la vie quotidienne des humains, en dépassant la dimension juridique et politique, tout en prenant une ampleur populaire.

7. Frigerio, 2021.

L'enjeu est que les sociétés s'en saisissent et se rallient autour de cet objectif majeur, afin que la coviabilité socio-écologique devienne un impératif catégorique, c'est-à-dire qui s'impose à lui-même, ce qui doit être fait inconditionnellement[8].

Il convient de dépasser l'enveloppe humaine, ses raisonnements et ses perceptions pour entrer dans le Vivant. En faire un chemin de vie. Entrer dans le Vivant, c'est parvenir à se décentrer en sortant des ontologies connectées à l'enveloppe humaine, pour *s'ouvrir aux autres pensées vivantes, sauvages au-delà de l'humain, qui nous fabriquent aussi*[9].

Cet ouvrage invite le lecteur, au fil des pages, à faire ce voyage en connexion avec le Vivant qu'il est fondamentalement ! Il nous incite à revenir à l'essentiel, au lien de viabilité que de nombreuses populations autochtones ont su conserver.

Nous avons compris au cœur de ce voyage dans la coviabilité que le monde au-delà de l'humain appelle à de nombreux renoncements. Il exige de réformer en profondeur le système d'économie libérale, en changeant de référentiels et en quelque sorte en transcendant les modèles occidentaux ou occidentalisés.

Le concept de coviabilité et sa mise en œuvre pragmatique, *via* son pacte de territoire socio-écologique, œuvrent en ce sens. « Il est devenu impératif de favoriser des transitions socio-écologiques radicales vers des sociétés fondées sur l'interdépendance et le soin à partir d'une ontologie coviabiliste » (Arturo Escobar, Chili).

8. Kant, 1785.

9. Kohn, 2017, 297.

# Glossaire

## Actant

Un actant se définit *par sa faculté à agir, à avoir un poids, une intensité dans le déroulement de l'action*[1]. *Puisque les humains doués de parole aussi bien que les non-humains ont des porte-parole je propose d'appeler actants tous ceux, humains ou non humains, qui sont représentés* [au sein du réseau socio-technique], *afin d'éviter le mot d'acteur, trop anthropomorphique*[2]. La notion d'actant permet de réconcilier les humains et les non-humains en une seule et même entité. Ce terme permet d'englober les « non-humains », et l*eur accorder une épaisseur, en tant qu'ils ne sont pas de simples instruments des humains*[3].

## Amnésie écologique ou *Shifting baseline syndrome*

Le syndrome du changement de base (SBS en anglais) est un phénomène psychologique et sociologique décrivant un changement progressif des normes acceptées pour l'état des écosystèmes en raison d'un manque de

1. Latour, 2005 ; Callon et Latour, 2016.
2. Latour 1989 ; 2005.
3. Flipo, 2015.

mémoire, de connaissance ou d'expérience de sa situation passée. Chaque nouvelle génération considère l'état écologique dans lequel elle est née et a grandi comme la référence à prendre en compte. L'urgence écologique est confrontée à un abaissement continu des seuils acceptés par la population et les institutions de l'état écologique. *Ce phénomène est de plus en plus reconnu comme l'un des obstacles fondamentaux à la résolution d'un large éventail de problèmes environnementaux mondiaux actuels*[4].

**Biodiversité**

(Contraction de Diversité biologique) : *Variabilité des organismes vivants de toute origine y compris, entre autres, les écosystèmes terrestres, marins et autres écosystèmes aquatiques et les complexes écologiques dont ils font partie ; cela comprend la diversité au sein des espèces et entre espèces ainsi que celle des écosystèmes*[5].

**Bioéconomie**

La bioéconomie est une nouvelle discipline, voire un nouveau paradigme scientifique à l'interface de la biologie et de l'économie. *Pour certains, la bioéconomie est une « économie ouverte aux lois de la biosphère, à l'opposé de la conception néolibérale » alors que, pour d'autres, elle représente au contraire la marchandisation généralisée du vivant menant au « stade ultime du capitalisme »* [...] *la bioéconomie oscille entre politique*

4. Soga et Gaston, 2018, 222-230.

5. Art. 2 de la Convention sur la diversité biologique de 1992 / IPBES, *biodiversity*, Glossary : https://www.ipbes.net/glossary/biodiversity

*de soutien aux biotechnologies et politique intégrée de gestion des ressources naturelles. L'usage du terme traduit le même souci d'articuler les ressources naturelles (bio) et l'administration des activités humaines (économie), mais la singularité des visions du vivant mobilisées est telle, que les projets politiques qui s'y réfèrent sont radicalement éloignés entre eux.*

*À partir de la fin des années 1990, et sous l'impulsion notoire de l'OCDE et de la Commission européenne, la bioéconomie y est définie comme l'économie de la biomasse et/ou des biotechnologies, c'est-à-dire comme une économie qui tire sa croissance de l'exploitation du vivant et répond aux besoins énergétiques et matériels des populations par le développement de la chimie du végétal ou chimie biosourcée. La bioéconomie entend ainsi substituer à l'utilisation du pétrole l'utilisation de ressources naturelles ou bioressources, afin de produire de la bioénergie (biocarburants ou biocombustibles), des biomatériaux (bois d'œuvre, matériaux composites) ou des produits biosourcés (bioplastiques, solvants, cosmétiques, etc.)*[6].

**Biosphère**

Le concept de Biosphère est né d'une approche interdisciplinaire, réunissant naturalistes, géologues et biologistes. Il est défini en 1926 par Vladimir Ivanovitch Vernadski dans une perspective bio-géologique et écologique. Cet auteur avance l'hypothèse que la vie est une force géologique qui transforme la Terre. Il est le premier à considérer scientifiquement l'impact de l'activité humaine sur le climat, à une époque où l'on pensait que les ressources

6. Pahun, Fouilleux et Daviron, 2018.

naturelles avaient une capacité inépuisable de régénération. Le concept de biosphère est né d'une approche interdisciplinaire, réunissant naturalistes, géologues et biologistes.

La biosphère est « la région unique de la croûte terrestre occupée par la vie ». *Ce n'est que dans la biosphère, la mince couche extérieure de notre planète, que la vie est concentrée ; tous les organismes s'y trouvent et sont toujours séparés de la matière première environnante par une limite nette et infranchissable. [...] Toute la vie, toute la matière vivante peut être considérée comme un tout indivisible dans le mécanisme de la biosphère*[7]. Dès lors, tous les éléments de la biosphère sont considérés comme vivants et dotés d'une intériorité qui doit être respectée comme sujet et acteur au sein du territoire[8]. Vladimir Vernadski souligne précisément les limites du développement de la vie, en raison des dimensions finies de la planète et la constitution physico-chimique de son milieu d'existence. Les limites physiques et environnementales de la biosphère sont ainsi définies par l'atmosphère, la lithosphère et l'hydrosphère.

### Biote

(Du grec âßïò, vie) Ensemble des organismes vivants (des micro-organismes aux animaux et végétaux) présents dans un lieu précis.

### Cognition

Est un processus qui permet à un organisme d'acquérir la conscience des évènements et des objets de

7. Vernadski, 2002 (1929), 24.

8. Aïdan et Bourcier, 2021.

son environnement. C'est ainsi, *la manière dont le cerveau traite l'information pour produire la pensée et le comportement. Elle englobe la manière dont nous interagissons avec le monde, de comprendre les informations, d'acquérir de nouvelles connaissances et compétences, et de résoudre des problèmes*[9].

## Continuité écologique

*En écologie, le principe des trames définit un espace en réseau destiné aux espèces vivantes, en particulier à la circulation de la faune. Les écologues ont fait le constat que la fragmentation écologique peut non seulement réduire le nombre ou la taille des habitats disponibles, mais aussi réduire la connectivité entre les habitats. Or le déplacement est indispensable à la plupart des espèces animales, pour se nourrir, se reproduire ou essaimer par exemple.*

*Les trames vertes et bleues sont une réponse à la fragmentation écologique visant à reconstituer la connexion entre les écosystèmes*[10].

## Coviabilité

La coviabilité peut se définir comme le fait que la viabilité d'une entité (un être vivant, un écosystème, une société, etc.), dépend de la viabilité d'une autre entité. Tout système dépend d'autres systèmes pour sa survie et son développement.

9. https://www.futura-sciences.com/sante/definitions/cerveau-cognition-120/ ; voir aussi : https://cambridgecognition.com/what-is-cognition/

10. http://geoconfluences.ens-lyon.fr/glossaire/trames-et-continuite-ecologique

La coviabilité se définit également comme une propriété de dépendance des interactions entre humains et non-humains qui se situent dans une relation contenue par des contraintes et des régulations.

## Design

« Le design est un processus intellectuel créatif, pluridisciplinaire et humaniste, dont le but est de traiter et d'apporter des solutions aux problématiques de tous les jours, petites et grandes, liées aux enjeux économiques, sociaux et environnementaux » (École nationale supérieure de création industrielle).

Pour Nicolas Roesh, « le design est une discipline à la croisée des sciences dures, des sciences humaines, des sciences de la nature, des technologies et des arts. C'est un processus intellectuel créatif, pluridisciplinaire dont la visée est humaniste. Au travers d'enquêtes et d'exploration, de phases d'idéation, de prototypage et d'expérimentation, les designers cherchent à répondre aux enjeux sociétaux. À partir des usages, des modes de vie, mais aussi, en faisant appel à la sensibilité, les designers proposent des solutions sous forme de “dessin du dessein”. C'est pourquoi, au départ discipline d'esthétique industriel, elle émerge aujourd'hui comme une discipline en pleine mutation. Le design permet de faire de la stratégie et de la prospective, de repenser les organisations publiques et privées, d'imaginer le monde de demain. Aujourd'hui, les designers développent des solutions liées aux enjeux économiques, sociaux et environnementaux contemporains et à venir ».

## Droit négocié

Les pactes territoriaux ont l'ambition de constituer un outil de droit négocié, c'est-à-dire « un pont » entre la

« régulation posée par l'État et le droit issu des pratiques locales » (Barrière et Faure, 2012). Le droit négocié exprime une régulation locale adaptée au territoire concerné, de manière concertée entre les acteurs territoriaux de manière à produire des droits et obligations légitimes aux yeux de la communauté (locale) et de la Nation. Le droit négocié s'intègre dans le droit positif par un processus de délibération. Il relève d'une démarche collective qui permet de faire émerger une régulation par les acteurs locaux qui « font le territoire ». En cela il procède d'une démocratie contributive, initiant un droit des pratiques, des usages et des aspirations locales.
Cf. aussi : Barrière, Carrez et Pomade, 2023.

**Écociateur**

Les Écociateurs recréent, restaurent, instaurent la relation entre les humains et le non-humain… Ce sont des médiateurs capables d'entrer dans un dialogue plus profond que le simple échange de paroles. Leur relation particulière avec la nature et ceux qui la comprennent, lui permet de mettre en dialogue des acteurs aux intérêts divergents. Ils reformulent et rendent accessible les propos des uns et des autres. Ils facilitent le dialogue entre les sciences et le sensible ! Sa seule mission est de permettre aux acteurs d'entrer en relation avec leur territoire dans toutes ses dimensions. C'est la richesse de son approche éco-centrée ! Ils ne traduisent pas seulement les expressions des êtres humains rationnels mais traduisent également les univers sensibles[11].

11. https://ecociateurs.fr

## Écosystèmes

*Ensemble d'unités fonctionnelles de nature écologique, stables dans le temps, dénommés écosystèmes. Ce terme a été créé par Arthur George Tansley pour désigner l'association d'un environnement physico-chimique spécifique – le biotope – avec une communauté vivante, ou biocœnose. On peut ainsi écrire la relation suivante : écosystème = biotope + biocœnose. Biotope et biocœnose exercent l'un sur l'autre de perpétuelles interactions marquées essentiellement par d'incessants transferts d'énergie et d'échanges de matières entre ces deux entités et à l'intérieur de chacune d'entre elles*[12].

*Bien que les organismes puissent réclamer en priorité notre attention, nous ne pouvons pas [...] les séparer de leur milieu propre avec lesquels ils forment un système physique unique. Les systèmes ainsi formés sont du point de vue de l'écologiste les unités de base de la nature à la surface de la Terre. Nos préjugés d'êtres humains nous poussent à considérer les organismes comme la partie la plus importante de ces systèmes, mais assurément les facteurs inorganiques en font aussi partie – il ne pourrait y avoir de système sans eux – et il y a des échanges constants sous les formes les plus variées à l'intérieur de chaque système, non pas seulement entre les organismes mais entre l'organique et l'inorganique. Ces écosystèmes, comme nous pouvons les appeler, offrent la plus grande diversité de type et de taille*[13].

## Identité psychique

*Ensemble des « signes juridiques » relatifs à la vie psychique de la personne humaine, permettant de*

12. Ramade, 2020, 63.
13. Tansley, 1935, 299.

*l'individualiser singulièrement. Ce sont les données identifiantes des destinataires de normes juridiques, qui lui appartiennent en propre et qui visent spécifiquement un fait psychique. Ce dernier sera défini comme un fait immatériel vécu, ressenti par un sujet. Il peut s'agir d'une émotion, d'une intention, d'une pensée, d'un sentiment, d'un souhait, d'une projection de soi, d'une faculté mentale…*[14].

**Intendance territoriale**

L'intendance territoriale se définit dans une gestion quotidienne par les acteurs même du territoire dans l'intérêt de tous. Elle traduit une prise en charge et l'accaparement du projet du territoire par les acteurs locaux concernés et s'assortit d'une gestion et d'une responsabilisation endogène des communautés d'habitants.
Le concept d'intendance territoriale provient de la terminologie anglo-saxonne *land stewardship*. On peut définir l'intendance du territoire comme un processus qui : *vise à transformer dans une logique* bottom up *les modalités de gestion de la nature. Bien établi aux États-Unis, au Canada et en Espagne, le concept désigne les actions collectives menées en vue d'une gestion partagée du patrimoine naturel, pouvant regrouper des propriétaires publics et privés, des usagers, des acteurs économiques, des médiateurs (représentants de la puissance publique et/ou du monde de la recherche)… Basée sur le principe fondateur de l'engagement dans des accords volontaires, l'intendance territoriale suppose donc la participation des différents acteurs locaux* » [15].

14. Aïdan, 2015.

15. Rivaud Prévost, 2018.

**Néolibéral (système), Néolibéralisme**

Système social dont les institutions politiques et économiques sont d'orientation libérale et capitaliste, assurant une libre compétition des agents économiques qui sont animés par la recherche du profit. *Le néolibéralisme définit un cadre institutionnel, politique et idéologique au sein duquel le capitalisme jouit de davantage de liberté de manœuvre*[16].

**Non-humain**

Entité vivante non humaine, animale ou végétale, voire une autre forme d'être vivant comme un super-organisme (colonie d'abeilles, de fourmis...), un milieu, un biotope, une rivière, etc.

**Occident, occidentalisés**

Pays capitalistes de l'Europe de l'Ouest et des États-Unis ; *Habitudes de vie conformes au modèle de l'Occident, de la civilisation occidentale.*

**Ontologie**

Façon d'être et d'exister, de vivre le monde partant des identifiants culturels qui leur sont propres. L'ontologie n'est pas synonyme de culture, mais entre dans le champ des interactions entre les êtres vivants.

**Paradigme**

Manière de voir le monde.

---

16. Amin *et al.*, 2006.

## Sociétés modernes

Les sociétés modernes *ont été fondées sur le culte de la raison et de l'origine divine de l'homme et ont étendu par la connaissance et par l'idée de souveraineté populaire son contrôle et sa transformation du monde*[17]. Ce sont des sociétés occidentales ou occidentalisées dites modernes qui s'opposent aux sociétés dites traditionnelles non occidentalisées à travers le monde[18].

## Socio-écosystème ou système socio-écologique

Système complexe associant des composantes biophysiques (biologie, hydrologie, etc.) avec des composantes sociétales (économie, politiques publiques, institutions, etc.) en interaction constante.
Les systèmes socio-écologiques correspondent à des systèmes intégrés couplant les sociétés et la nature[19], ce qui vise à intégrer l'ensemble des actants (humains et non-humains) intégrant l'homme comme une composante active du système.
*Le plus souvent, les études dédiées aux interactions hommes-milieux ou aux écosystèmes positionnent cet acteur majeur en dehors du système naturel, ce qui, de fait, limite notre capacité à prendre en considération la complexité des interactions existantes entre l'homme et la nature*[20].

17. Touraine, 2022.
18. Billaudot, 2021.
19. Liu *et al.*, 2007.
20. Lagadeuc et Chenorkian, 2009.

### *Umwelt*

L'*Umwelt* théorisé par Jakob von Uexküll, traduit ce concept par le terme de « milieu » ou environnement. *J'ai tenté d'introduire le mot d'Umwelt pour désigner ce monde qui est le produit de l'organisme* [Uexküll cite en note son ouvrage de 1909]. *Le mot a acquis droit de cité – mais le concept n'est pas évident à comprendre. On emploie maintenant le mot d'Umwelt pour désigner l'environnement (*Umgebung*) spécifique d'un être vivant au même sens qu'on employait autrefois le mot de Milieu. Ainsi son sens propre a-t-il été perdu*[21].
Pour Uexküll le monde vécu par chaque espèce animale est composé d'un monde perceptif (de perception) et d'un monde d'actions spécifiques. Ainsi, les animaux sont en fait des sujets (et non des objets ou des machines) ; Uexküll montre l'ensemble des interactions réciproques entre l'animal et son propre monde. Ces interactions figurent sous la forme de cycles fonctionnels[22]. Dans le cadre du concept d'*Umwelt*, le comportement des animaux dépend du milieu dans lequel ils se trouvent et qui les conditionnent au travers des systèmes neurosensoriels caractéristiques des espèces à laquelle ils appartiennent. Ils y réagissent à leur tour par un système d'actions également spécifique. L'Umwelt est une composante de la sentience, aux côtés de la capacité d'un être vivant à ressentir des émotions et de la douleur.

### Viabilité

La viabilité est l'aptitude à vivre et à se développer. Étymologiquement, viabilité provient en grec de l'adverbe

21. Feuerhahn, 2009.
22. Uexküll, 2010/1956.

*άάέ*, qui signifie « pour toujours », et du verbe « *öάñù* » qui signifie « porter ».

Théorie mathématique de la viabilité
« La théorie de la viabilité est un cadre mathématique proposé par Jean-Pierre Aubin en 1991[23]pour étudier la compatibilité entre un système dynamique et des contraintes sur les variables du système.
L'originalité de l'approche de la Viabilité, est qu'elle se concentre d'abord sur la définition des états souhaitables et sur l'ensemble des moyens d'action envisagés, avant de rechercher des trajectoires satisfaisantes. Dans le domaine de l'environnement, où il est souvent difficile de définir ce qui est "le meilleur", mais où il est plus facile de désigner les situations que l'on souhaite éviter (par exemple des seuils à ne pas dépasser), c'est une manière plus naturelle de procéder. C'est une des raisons pour lesquelles il existe de nombreuses applications de la viabilité dans le domaine des ressources renouvelables[24].
L'approche de la viabilité n'oblige pas à choisir entre des visions différentes de la "durabilité", ni entre les préoccupations de court terme ou de long terme : par définition, être dans un noyau de viabilité signifie avoir la possibilité de respecter les contraintes en tout temps.
Mettre en œuvre la théorie mathématique de la viabilité demande de construire un modèle dynamique, représentation mathématique du problème réel. L'ensemble des acteurs concernés ou leurs représentants doivent identifier les variables nécessaires à la description des contraintes et de la dynamique, les possibilités de contrôle et leurs effets. Cela peut demander des expérimentations

23. Aubin, 1991.

24. Oubraham et Zaccour, 2018.

et des travaux de modélisation. Les outils de la théorie mathématique de la viabilité permettent alors, suivant le cas, de calculer des stratégies viables qui assurent le respect des contraintes ; ou de remettre en cause les contraintes, les contrôles ou la dynamique en cas d'incompatibilité » (Isabelle Alvarez, Sophie Martin, Alain Rapaport, Rodolphe Sabatier, France).

# Bibliographie

Aglietta Michel et Espagne Etienne (2024) *Pour une écologie politique : Au-delà du Capitalocène*, Odile Jacob.

Aïdan Géraldine (2022) *La vie psychique, objet du droit*, CNRS Éditions.

Aïdan Géraldine et Bourcier Danièle (2021) *Humain Non-humain, repenser l'intériorité du sujet de droit*, LGDJ, série Droit, 60.

Aïdan Géraldine (2021) *L'intériorité comme question. Contribution à une théorie du sujet de droit non humain, in* Aïdan G. et D. Bourcier (dir.), *Humain Non-humain, repenser l'intériorité du sujet de droit*, LGDJ, 95-126.

Aïdan Géraldine (2015) *Le concept d'identité psychique en droit, in Qui suis-je ? Dis-moi qui tu es*, Valérie Mutelet et Fanny Vasseur-Lambry (dir.), Artois Presses Université, 131-155.

Amin Samir, Arrighi Giovanni, Chesnais François *et al.* (2006) *Qu'est-ce que le néolibéralisme ?*, Actuel Marx, 40, 12-23. https://doi.org/10.3917/amx.040.0012.

Arnsperger Christian et Bourg Dominique (2017) *Écologie intégrale, Pour une société permacirculaire*, PUF.

Aubin Jean-Pierre (2010) *La mort du devin, l'émergence du demiurge*, Essai sur la contingence, la viabilité et l'inertie des systèmes, Beauchesne.

Aubin Jean-Pierre (1991) *Viability theory*, Birkhäuser, Basel.

Baechler Jean (2009) *Les matrices culturelles : au foyer des cultures et des civilisations*, Hermann.

Bapteste Eric (2017) *Tous entrelacés !* Des gènes aux super-organismes : les réseaux de l'évolution, Belin.

Barrière Catherine et Barrière Olivier (2005) Bassari, *De l'ocre à la lumière*, Romains Page éditions et IRD éditions.

Barrière Olivier, Carrez Séverine et Pomade Amélie (2023) *Droit des communs, droit d'une intendance territoriale, pour une post-modernité du droit de l'environnement*, Revue juridique de l'environnement, 48, n° HS22, 323-344.

Barrière Olivier (2022) *La solidarité écologique, lien de droit d'une interdépendance au vivant*, VertigO, Hors-série 37, http://journals.openedition.org/vertigo/38429 ; DOI : https://doi.org/10.4000/vertigo.38429.

Barrière Olivier (2020) *Le pacte territorial, un droit pour une résilience à l'échelle de l'intercommunalité*, *in* Nicault A. (éd.). Adaptation du Parc national des Cévennes au changement climatique et à ses impacts. Cahier Cévennes, 38.

Barrière Olivier, Behnassi M., David Gilbert, Douzal Vincent, Fargette Mireille, Libourel Thérèse, Loireau Maud, Pascal Laurence, Prost Catherine, Ravena Canete Voyner, Seyler Frédérique, Morand Serge (éd.) (2019), *Coviability of Social and Ecological Systems : Reconnecting Mankind and Biosphere in an Era of Global Change*, Springer, vol. 1 : The fondations of a new paradigm (DOI : 10.1007/978-3-319-78497-7/Vol. 2 : Coviability Questioned by a Diversity of Situations.

Barrière Olivier, Libourel Thérèse (2019) *Legal challenge of the socio-ecological connection : the paradigm of coviability defined by the adequacy between social usefulness and the ecological function.* In : Barrière O. (éd.), Behnassi M. (éd.), David Gilbert (éd.), Douzal V. (éd.), Fargette Mireille (éd.), Libourel T. (éd.), Loireau M. (éd.), Pascal L. (éd.), Prost C. (éd.), Ravena Canete V. (éd.), Seyler F. (éd.), Morand S. (éd.) Coviability of social and ecological systems : reconnecting mankind to the biosphere in an era of global change. Vol. 1 : The foundations of a new paradigm, Springer.

Barrière Olivier, Libourel T., Loireau M., Ravena Canete V., Prost C., David G., Morand S., Pascal L., Douzal *V. (2019b), Coviability as a scientific paradigm for an ecological transition, from an overview to a definition.* In : Barrière O. *et al.* (éd.) *Coviability of social and ecological systems : reconnecting mankind to the biosphere in an era of global change.* Vol. 1 : The foundations of a new paradigm, Springer.

Barrière Olivier et Bes Cécile (2017). *Droit foncier et pastoralisme, entre propriété et territoire*, Gueringer A. (dir.), Perrin C. (dir.), Barthes C. (dir.). *Tensions sur l'espace agricole : quand les enjeux fonciers réinterrogent le rapport entre propriété et usage. VertigO*, 17 (1), art. n° 18362 [en ligne].

Barrière Olivier (2012) *Éléments d'une Socio-Écologie Juridique : Le Droit Face à l'urgence Écologique*, Essai d'une Anthropologie Juridique de l'environnement, https://horizon.documentation.ird.fr/exl-doc/pleins_textes/divers13-04/010057667.pdf

Barrière Olivier et Faure Jean-François (2012) *L'enjeu d'un droit négocié pour le Parc Amazonien de Guyane*, Natures Sciences Sociétés 20, 2012, 167-180.

Barrière Olivier (2003) *Droit et gestion de l'environnement en pays Bassari (Sénégal oriental) ; réflexions sur un droit de l'environnement au Sénégal*, Revue canadienne Droit et Société/Canadian Journal of Law and Society, vol. 18, n° 1, 73-101.

Barrière Olivier et Barrière Catherine (2002) *Un droit à inventer. Foncier et environnement dans le delta intérieur du Niger*, éditions IRD, collection « À travers champs ».

Barrière Catherine (1997) *Lieux et objets sacrés de la région de Segu au Mali, des repères en transformation pour une identité en reconstruction.*

Billaudot Bernard (2021) *Société, économie et civilisation Vers une seconde modernité écologique et solidaire ? / Society, Economy and Civilization. Towards an ecological and solidaritybased second modernity ?* Éditions EMSHA des maisons des sciences de l'homme associées. DOI : 10.4000/books.emsha.422.

Bonneuil Christophe (2015) *Tell Me Where You Come from, I Will Tell You Who You Are : A Genealogy of Biodiversity Offsetting Mechanisms in Historical Context*, Biological Conservation 192, 485-91. https://doi.org/10.1016/j.biocon.2015.09.022

Bourdier Franck et François Yves (1951) *Buffon et les Encyclopédistes*, Revue d'histoire des sciences, 4-3-4, 228-232.

Bourg Dominique (2019) *À quoi sert le droit de l'environnement ?* Plaidoyer pour les droits de la nature, Les Cahiers de la Justice, 3, pages 407 à 415, Dalloz.

Bourgine Paul (1996) *Modèles d'agents autonomes et leurs interactions co-évolutionnistes, Penser l'Esprit. In*, Rialle Vincent et Fisette Denis (dir.), Presses universitaires de Grenoble, 421-443.

Brites Alice Osorio de Oliveira (2024) *Repenser la justice transitionnelle à partir du cas colombien : le vivant comme victime des conflits armés*, Thèse en Droit, Université de Limoges, 24 janvier 2024.

Broom Donald M. (2016) *Considering Animals' Feelings : Précis of Sentience and Animal Welfare* (Broom 2014), Animal Sentience 1, no 5 (1 janvier 2016), https://doi.org/10.51291/2377-7478.1015.

Brundtland Rapport (1987) *Notre avenir à tous / Our Common Future* [en ligne] : https://sustainabledevelopment.un.org/content/documents/5987our-common-future.pdf https://www.are.admin.ch/are/fr/home/media-et-publications/publications/developpement-durable/brundtland-report.html

Callon Michel et Latour Bruno (2016) *La théorie de l'Acteur-Réseau*, éditions EMS.

CDD Steering Committee (2012) *Colony collapse disorder*, Progress report, United States Department of agriculture.

Chaumon Franck (2004) *Le sujet du droit n'est pas le sujet de la psychanalyse*. VST – Vie sociale et traitements, no 84(4), 24-28, https://doi.org/10.3917/vst.084.0024

Chen Yan Ping, Pettis Jeffery S, Corona Miguel, Chen Wei Ping, Li Cong Jun, *et al.* (2014) *Israeli Acute Paralysis Virus : Epidemiology, Pathogenesis and Implications for Honey Bee Health*. PLoS Pathog 10(7) : e1004261. DOI : 10.1371/journal.ppat.1004261.

Chevallier Jacques (2001) *La régulation juridique en question*, Droit et société, 49, 827-846.

Clément Henri (2009) *L'abeille sentinelle de l'environnement*, Alternatives.

Confédération paysanne de Lozère (2023) *Loup et élevages, faire face à la prédation*, en ligne http://www.confederationpaysanne.fr/mc_nos_positions.php?mc=54

Damasio Alain (2021) *Comme un noyau dans son fruit*, Esprit, Septembre(9), 95-104.

Decety Jean (2003) *L'empathie, une spécificité humaine ?* 28/08 Journal Le Monde https://www.lemonde.fr/savoirs-et-connaissances/article/2003/08/28/jean-decety-l-empathie-une-specificite-humaine_331910_3328.html

Delorme Geoffroy (2021) *L'homme-chevreuil : sept ans de vie sauvage*, les Arènes.

Delsol Chantal (2020) *Le crépuscule de l'universel*, Le Cerf, DOI : 10.3917/pe.191.0023.

Descola Philippe (2020) *La nature, ça n'existe pas*, entretien par Hervé Kempf, 1er février 2020, Reporter.net : https://reporterre.net/Philippe-Descola-La-nature-ca-n-existe-pas

Descola Philippe (2005) *Par-delà nature et culture*, Bibliothèque des sciences humaines, NRF, Gallimard.

Ducroux Anne-Marie (dir) (2003) *Les nouveaux utopistes du développement durable*, Autrement-Mutations 216.

Engelsdorp van Dennis, Evans Jay D Evans, Saegerman Claude, Mullin Chris, Haubruge Eric, *et al.* (2009) *Colony Collapse Disorder : A Descriptive Study.* PLoS ONE 4(8) : e6481. DOI : 10.1371/journal.pone.0006481

Escobar Arturo (2018) *Sentir-Penser avec la terre. Une écologie au-delà de l'Occident*, seuil-Anthropocène.

Feuerhahn Wolf (2009) *Du milieu à l'Umwelt : enjeux d'un changement terminologique / From Environment to Umwelt : The Issues of a Change in Terminology*, Revue philosophique de la France et de l'étranger, PUF, 4/134, 419-438. DOI : 10.3917/rphi.094.0419

Flipo Fabrice (2015) *Les effets Latour*, Quaderni, 87, 133-138.

Forgé Géraldine, Méral Philippe et Muradian Roldan (2016) *Controverses autour des services écosystémiques*, Alternatives économiques n° 69, 2016/1, pp. 36 à 47.

François Saint-Père (2015), *« Lettre encyclique Laudato si' : Du Saint-Père François sur la sauvegarde de la maison commune »*.

Freud Sigmund (1930/2004) *Le malaise dans la culture*, Quadrige, PUF.

Frigerio Veronica (2021) *Réception de la biodiversité en droit*, Thesis, University of Lausanne.

Green Sierra Rae, Carol Waldmann Rosenbaum, Sara Hughes, Xinjie Wu, Emily Dusicska, Kathy Sun, Subba Rao Chaganti, Casey Godwin, Michael Fraker, et Henry A. Vanderploeg (2023), *Nutrient management in Lake Erie : Evaluating stakeholder values, attitudes, and policy preferences*, Journal of Great Lakes Research 49, n° 3 : 746-56. https://doi.org/10.1016/j.jglr.2023.03.007

Gunn Allen Paula (1976) *The Sacred Hope : A Contemporary Indian Perspective on American Indian Literature*, Cross-Current, 26-2.

Hermitte Marie-Angèle (2018) *Artificialisation de la nature et droit(s) du vivant*, in Philippe Descola (dir.), Les Natures en question, coédition Odile Jacob/Collège de France, 257-284.

Herrera Carlos Miguel (2016) *Culture Juridique et Politique : Une Introduction*, In J Semiot Law 29, 721–727, https://doi.org/10.1007/s11196-016-9475-8

Ingold Tim (2012) *Culture, nature et environnement, Tracés.* Revue de Sciences humaines, http://journals.openedition.org/traces/5470.

Jeuland Emmanuel (2020) *L'énigme du lien de droit*, Revue juridique de la Sorbonne, 6, 1, 144-170.

Johnson Renée (2010) *Honey bee colony collapse disorder*, CRS report for Congress, Congressional Research Service.

Johnson Renée (2007) *Recent honey bee colony declines*, CRS report for Congress, Congressional Research Service.

Kant Emmanuel (1785/1999) *Fondements de la métaphysique des mœurs*, Delagrave.

Kazenel Melanie R., Wright Karen W., Griswold Terry *et al.* (2024) *Heat and desiccation tolerances predict bee abundance under climate change.* Nature 628, 342–348. https://doi.org/10.1038/s41586-024-07241-2

Kohn Eduardo (2017) Comment pensent les forêts, Zones sensibles.

Lagadeuc Yvan et Chenorkian Robert (2009) *Les systèmes socio-écologiques : vers une approche spatiale et temporelle*, Natures Sciences Sociétés 17, 194-196. DOI : 10.1051/nss/2009032.

Lamara Farid (2024) *Droits de la nature*, AFD.

Latour Bruno (1989/2005) *La science en action, Introduction à la sociologie des sciences*, La Découverte/ Science in Action, How to Follow Scientists and Engineers Through Society, Harvard University Press.

Latour Bruno (2005) *Reassembling the Social – An Introduction to Actor-Network-Theory Oxford*, Oxford University Press.

Latrouite Gwénael (2020) *L'ombre du loup*, L'empaillé (une presse libre pour l'Occitanie), n° 8, 16-18 https://lempaille.fr/wp-content/uploads/2024/05/lecture-le-loup-laet.mp3

Laurent Marion, Bougeard Stephanie, Caradec Lucile, *et al.* (2024) *Novel indices reveal that pollinator exposure to pesticides varies across biological compartments and crop surroundings*, Science of The Total Environment 927, 172118. https://doi.org/10.1016/j.scitotenv.2024.172118.

Lindgaard Jade (dir.) (2020) *Éloge des mauvaises herbes*, Les liens qui libèrent.

Liu Jianguo *et al.* (2007) *Complexity of coupled human and natural systems*, Science, 317, 5844, 1513-1516. DOI : 10.1126/science.1144004

Martin-Bariteau Florian (2020) *Concevoir la matrice juridique dans un monde en constante évolution : essai sur l'approche fonctionnelle du droit*, McGill Law Journal / Revue de droit de McGill, 65(3), 499–542. https://doi.org/10.7202/1075600ar

MEA Millennium Ecosystem Assessment (2005) Ecosystems and Human Well-being.

Meadows Donella, Randers Jorgen et Meadows Dennis (2004) *limits to growth. the 30-year update*, Chelsea green publishing, in Luc Semal, *Développement durable et territoires*, Lectures (2002-2010). URL : http://journals.openedition.org/developpementdurable/4422 ; DOI : https://doi.org/10.4000/developpementdurable.4422

Meuret Michel, Moulin Charles-Henri, Bonnet Olivier, Garde Laurent, Nozieres-Petit Marie-Odile, *et al.*

(2020) *Missing shots : has the possibility of shooting wolves been lacking for 20 years in France's livestock protection measures ?* Rangeland Journal, 42 (6), pp. 401-413.

Moore Jason W. (dir.) (2016) *Anthropocene or Capitalocene ? : Nature, History, and the Crisis of Capitalism* (Kairos), PM Press.

Morand Serge (2020) *L'homme, la faune sauvage et la peste*, Fayard.

Morand Serge et Lajaunie Claire (2018) *Biodiversité et santé, les liens entre le vivant, les écosystèmes et les sociétés*, ISTE Éditions.

Morand Serge et Muriel Figuié (2016) *Émergence de maladies infectieuses : Risques et enjeux de société*, éditions Quae.

Morin Edgar (2005) *Introduction à la pensée complexe*, Seuil.

Morizot (2016) *Les diplomates, Cohabiter avec les loups sur une autre carte du vivant*, Wildproject.

Munier Vincent (2022) *Tibet, promesse de l'invisible. Carnet d'affût à la panthère des neiges*, Kobalann éditions.

Munier Vincent et Tesson Sylvain (2022) *Tibet, minéral animal*, Kobalann éditions.

Nicolas Frédéric, Doré Antoine (2022) *Face au loup, Étude socio-anthropologique des effets de la présence des loups sur la santé des éleveurs et bergers*, INRAE.

Oubraham Aïchouche et Zaccour Georges (2018) *A Survey of Applications of Viability Theory to the Sustainable Exploitation of Renewable Resources*, Ecological Economics, 145, 346-367.

Pahun Jeanne, Fouilleux Ève et Daviron Benoit (2018) *De quoi la bioéconomie est-elle le nom ? Genèse d'un nouveau référentiel d'action publique.* Natures Sciences Sociétés, 26, 3-16. https://doi.org/10.1051/nss/2018020

Pelt Jean-Marie (2004) *La solidarité chez les plantes, les animaux, les humains*, Livre de poche.

Penelaud Olivier (2010) *Le paradigme de l'énaction aujourd'hui, Apports et limites d'une théorie cognitive révolutionnaire*, Plastir, 1-18.

Perry Clint J., Søvika Eirik, Myerscough Mary R., and Andrew B. (2015) *Rapid behavioral maturation accelerates failure of stressed honey bee colonies*, PNAS (Proceedings of the National Academy of Sciences of the United States of America), 112 (6) 1643-1644, Edited by Gene E. Robinson, University of Illinois at Urbana–Champaign, Urbana, IL. DOI : 10.1073/pnas.1422089112

Pesche Denis (2013) *Le Millennium Ecosystem Assessment : anatomie d'une évaluation environnementale globale*, Natures Sciences Sociétés, 21(4), 363-372.

Pignocchi Alessandro (2016) *Anent Nouvelles des Indiens Jivaros*, Steinkis.

Rajagopalan Kirti, and al. (2024) *Warmer Autumns and Winters Could Reduce Honey Bee Overwintering Survival with Potential Risks for Pollination Services*, Scientific Reports 14/1, 1–11. https://doi.org/10.1038/s41598-024-55327-8

Ramade François (2020) *Éléments d'écologie, Écologie fondamentale*, Dunod.

Ratnieks Francis L. W. and Carreck Norman L. (2010) *Clarity on Honey Bee Collapse ?* Science 327, 152. DOI : 10.1126/science.1185563

Raworth Kate (2018) *La Théorie du Donut, l'économie de demain en 7 principes*, (version française, éditions

Plon ; Version anglaise : 2017, Doughnut Economics : Seven Ways to Think Like a 21st-Century Economist.

Raworth Kate (2017) *Doughnut Economics : Seven Ways to Think Like a 21st-Century Economist. Random House Business* ; (2018) *La théorie du donut, L'économie de demain en 7 principes*, Plon.

Rist Gilbert (2013) *Le développement, histoire d'une croyance occidentale*, SciencesPo Les Presses, DOI : 10.3917/scpo.rist.2015.01

Rivaud Audrey et Prévost Benoît (2018), *L'intendance du territoire : une alternative à la gouvernance néolibérale pour la conservation de la biodiversité dans les espaces naturels ?*, Développement durable et territoires [En ligne], Vol. 9, n° 3 |http://journals.openedition.org/developpementdurable/13051 ; DOI : 10.4000/developpementdurable.13051

Robin Ioan (2025, à paraître) *Risque de non-viabilité du socio-écosystème, pour ne pas atteindre l'effondrement*, in Le risque, Pulim.

Robin Marie-Monique (2021) *La Fabrique des pandémies, Préserver la biodiversité, un impératif pour la santé planétaire*, éditions La Découverte.

Rong Jiang (2004) *Le Totem du loup / Le dernier loup*, Bourin éditeur.

Rosenzweig Michael L. (2003), *Win-Win Ecology : How the Earth's Species Can Survive in the Midst of Human Enterprise*, Oxford University Press.

Rouland Norbert (1991) *Aux confins du droit. Anthropologie Juridique de la modernité*, Odile Jacob.

Roux de Bézieux Sabine (2024) *L'exploitation des fonds marins*, Études, Juillet-Août (7-8), 19-30.

Sagorin Anaïs, Perrin Augustine et Sarthou Jean-Pierre (2018) *Régulation biologique : Définition,*

*Dictionnaire d'agroécologie* [en ligne], https://dicoagroecologie.fr/dictionnaire/regulation-biologique/

Sarano François (2017) *Le retour de Moby Dick ou Ce que les cachalots nous enseignent sur les océans et les hommes*, Mondes sauvages, Actes Sud, 2017.

Selosse Marc-André (2017) *Jamais seul, Ces microbes qui construisent les plantes, les animaux et les civilisations*, Actes Sud.

Soga Masashi and Gaston Kevin J. (2018) *Shifting baseline syndrome : causes, consequences, and implications*, Frontiers in Ecology and the Environment, 16-4, 222-230.
https://doi.org/10.1002/fee.1794

Tafi Elena and al. (2024) *Pathogens May Affect Wing Morphology in Apis mellifera* (L.) Workers, Journal of Apicultural Research.
https://www.tandfonline.com/doi/full/10.1080/00218839.2024.2328472

Táíwò Olúfẹ́mi O. (2021) *Reconsidering reparation*, Oxford University Press, 216-217.

Tansley Arthur George (1935) *The Use and Abuse of Vegetational Concepts and Terms Ecology*, vol. 16, n° 3 (Jul., 1935), pp. 284-307. URL : http://www.jstor.org/stable/1930070

Terrasson François (1988) *La Peur de la nature : au plus profond de notre inconscient les vraies causes de la destruction de la nature*, Sang de la terre.

Testot Laurent et Wallenhorst Nathanaël (2023) *Vortex. Faire face à l'Anthropocène*, Payot.

Thierry Damien (2020) *Atteintes à la biodiversité et risques épidémiques*. Revue juridique de l'environnement, 81-93. https://www.cairn.info/revue--2020-HS20-page-81.htm

Tsing Anna Lowenhaupt (2022) *O cogumelo no fim do mundo : Sobre a possibilidade de vida nas ruínas do capitalismo*, São Paulo : n-1 edições.

Uexküll Jakob von (2010/1956) *Milieu animal et milieu humain*, Payot et Rivages.

Vachon Robert (1983) *Autogestion et développement : la tradition autochtone contemporaine d'ontogestion et de solidarité cosmique*, Éducation et autogestion, 13-1.

Val Plumwood Leff (2002) *Environmental Culture : The Ecological Crisis of Reason*, Routledge.

Vandenbussche-Masclet Isabelle (2023) *L'empathie pour manager Du Management au Leadership*, Dunod.

Vandevelde Jean-Christophe (2013) *L'outarde et le TGV : une controverse sur les compensations pour atteintes à la biodiversité*, VertigO, 13-2 https://doi.org/10.4000/vertigo.14040

Vernadski Vladimir Ivanovitch (1929/2002) *La biosphère*, Seuil.

Vidaillet Bénédicte (2023) *Pourquoi nous voulons tuer Greta : nos raisons inconscientes de détruire le monde*, Sociologie clinique, Érès éditions.

Vincent Jeanne Françoise, *Dory Daniel et Raymond Verdier (1995) Le territoire et ses dieux : de la rencontre à la coexistence. In* La construction religieuse du territoire, L'Harmattan.

Viveiros De Castro, Eduardo (2009), *Métaphysiques cannibales : Lignes d'anthropologie post-structurale*, Presses Universitaires de France, « MétaphysiqueS ».

Yzquierdo Marine (dir.) (2022) *Notre Affaire à Tous, Les droits de la nature, vers un nouveau paradigme de protection du vivant*, Le Pommier.

Zaleski Laetitia (2019) *Démonstration de l'assistant de viabilité Viaduc pour la gestion participative dans un éco-socio-système. Rencontres des Jeunes Chercheurs en Intelligence Artificielle*, Jul 2019, Toulouse/France, 72-76, hal-02161204.

# Sitographie


*Pacte pastoral Intercommunal* : https://caussesaigoualcevennes.fr/competences/pacte-pastoral/

Stockholm Resilience Centre, *Limites planétaires* : https://www.stockholmresilience.org/research/planetary-boundaries.html

Podcast, *Tout tourne rond sur cette terre, Et si on retissait du lien avec nos peurs pour nous relier au Vivant…* avec Pablo Servigne, chercheur « indiscipliné », auteur : https://podcast.ausha.co/tout-tourne-rond-sur-cette-terre/s2-28-et-si-on-retissait-du-lien-avec-nos-peurs-pour-nous-relier-au-vivant-avec-pablo-servigne-chercheur-in

Jean Decety, *L'empathie, une spécificité humaine ?*, Le Monde : https://www.lemonde.fr/savoirs-et-connaissances/article/2003/08/28/jean-decety-l-empathie-une-specificite-humaine_331910_3328.html

Nicolas Roesch : *« Désanthropocentrer le design pour penser l'interdépendance avec le non-humain »*, Natural solutions : https://www.natural-solutions.eu/blog/nicolas-roesch-desanthropocentrer-le-design-pour-penser-linterdependance-avec-le-non-humain

*Seb-Agri chien de Protection* | Pastoralisme | Metier de Berger | Seb-Voyages
https://www.youtube.com/watch?v=Y7FRPhY0aVs

*Harmony with nature* : http://www.harmonywithnature un.org

*The Convention on Biological Diversity* : https://www.cbd.int/cop

ONU, *Les changements en profondeur dont nous avons besoin pour vivre en harmonie avec la nature* : https://www.un.org/fr/chronique-onu/les-changements-en-profondeur-dont-nous-avons-besoin-pour-vivre-en-harmonie-avec-la

*Publication du 6e rapport de synthèse du GIEC* : https://www.ecologie.gouv.fr/publication-du-6e-rapport-synthese-du-giec

France Info, *La pénurie d'eau à Mayotte, une conséquence de la déforestation massive de l'île [Planète Outre-mer]* : https://la1ere.francetvinfo.fr/la-penurie-d-eau-a-mayotte-une-consequence-de-la-deforestation-massive-de-l-ile-planete-outre-mer-1233292.html /

*Manifeste diversité bio-culturelle* : https://biocultural-diversity.org/

*Zoepolis* : https://zoepolis.com/

*Medium, Retours sur la journée d'étude « Design & vivants »* : https://medium.com/luciole-design-et-non-humains/ouvrir-le-design-aux-vivants-entre-theorie-et-methodes-par-nicolas-roesch-10c44e20ff38

*Négociation écologique* : http://negociation-ecologique.fr

*Creative commons* : https://chooser-beta.creativecommons.org/

Reporterre, Philippe Descola : « *La nature, ça n'existe pas* » : https://reporterre.net/Philippe-Descola-La-nature-ca-n-existe-pas

IPBES, *biodiversity, Glossary* : https://www.ipbes.net/glossary/biodiversity

*Définition Cognition* : https://www.futura-sciences.com/sante/definitions/cerveau-cognition-120/ ; https://cambridgecognition.com/what-is-cognition/

Définition Continuité écologique : http://geoconfluences.ens-lyon.fr/glossaire/trames-et-continuite-ecologique

# Bibliographie (sélective) d'Olivier Barrière


Barrière Olivier, Carrez S., Pomade A. (2023) *Droit des communs, droit d'une intendance territoriale, pour une post-modernité du droit de l'environnement. Revue Juridique de l'Environnement*, 48 (numéro spécial 2022), 323-344. ISSN 0397-0299.

Barrière Olivier (2022) *La solidarité écologique, lien de droit d'une interdépendance au vivant*, VertigO, Hors-série 37, http://journals.openedition.org/vertigo/38429.

Barrière Olivier (2022) *L'urgence écologique, un impératif juridique, in Hervé-Fournereau* N. (éd.), Langlais A. (éd.). *Urgence(s) écologique(s) : quelle(s) urgence(s) pour le droit ?, Revue Juridique de l'Environnement*, numéro spécial, 35-69.

Barrière Olivier, Williamson David, Hamant Olivier, Dangbet Zakinet (2023) *Socio-ecological coviability as a response to the planetary emergency*. In : Dangles Olivier (coord.), Fréour Claire (coord.). *Sustainability science : understand, co-construct, transform (volume 1)*. Marseille : IRD, 54-57.

Barrière Olivier (2020) *Le pacte territorial, un droit pour une résilience à l'échelle de l'intercommunalité.* In : Nicault A. (éd.). *Adaptation du Parc national *des Cévennes au changement climatique et à ses impacts. Cahier Cévennes*, 38.

Barrière Olivier *et al.* (2019) *Coviability of Social and Ecological Systems : Reconnecting Mankind and Biosphere in an Era of Global Change*, Springer, vol. 1 & vol. 2.

Barrière Olivier, Bes Cécile (2017) *Droit foncier et pastoralisme, entre propriété et territoire.* In : Gueringer A. (dir.), Perrin C. (dir.), Barthes C. (dir.). *Tensions sur l'espace agricole : quand les enjeux fonciers réinterrogent le rapport entre propriété et usage. VertigO*, 17 (1), art. no 18362 [18 p. en ligne]. ISSN 1492-8442.

Barrière Olivier (2016) *Un pacte pastoral pour un patrimoine commun.* Espaces Naturels, 54, p. 31-32. http://www.espaces-naturels.info/pacte-pastoral-pour-patrimoine-commun

Barrière Olivier et Faure Jean-François (2012) *L'enjeu d'un droit négocié pour le Parc Amazonien de Guyane*, in *Natures Sciences Sociétés* 20, 167-180.

Barrière Olivier (2012) *Changement climatique et droit de l'homme : vers un droit de la coviabilité des systèmes sociaux et écologiques ?*, in *Changements climatiques et droits humains*, dir. Daniel Dormoy & Camille Kuyu, Éditions Espérance, 227-250.

Barrière Olivier (2008) *Legal aspects of the co-viability of social and ecological systems in African arid zones : an anthropological approach to environmental law*, in *The future of drylands*, edited by Cathy Lee and Thomas Schaaf, pp. 583-597, Springer-Verlag & Man and the biosphere series, Unesco publishing, 855 p.

Barrière Olivier (2007) *Régulation environnementale en Afrique : l'action du droit pour une co-viabilité des systèmes sociaux et écologiques*, in *Cahiers d'Anthropologie du Droit 2006, Le droit en action*, Karthala, dir. Etienne Le ROY, pp. 125-174, 307 p.

# Figures en format paysage

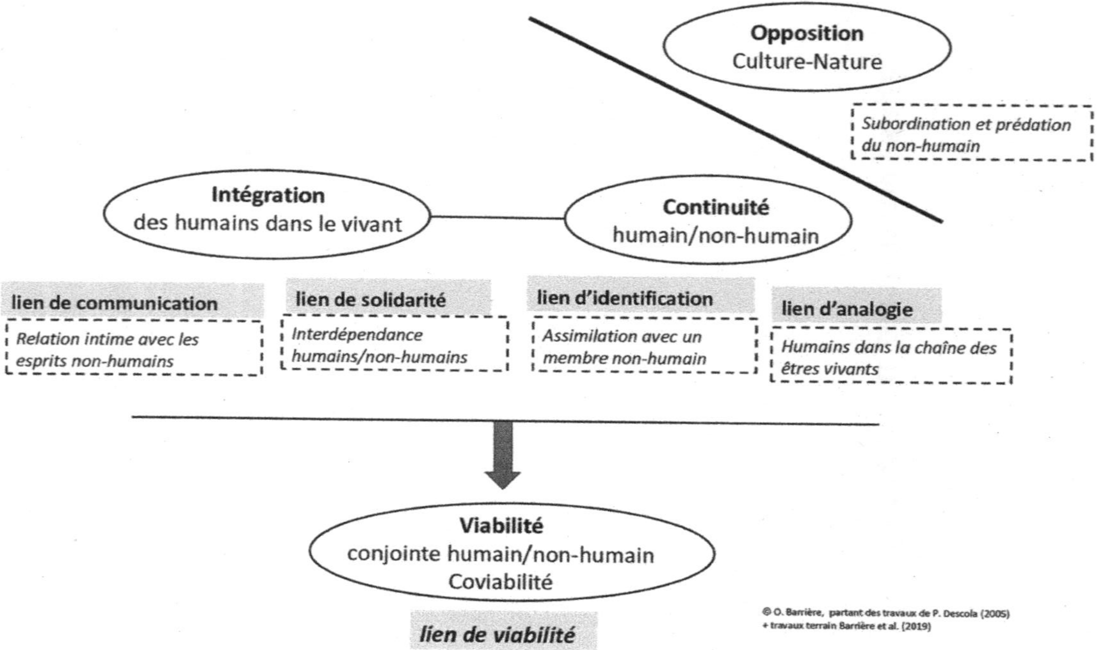


© O. Barrière, partant des travaux de P. Descola (2005)
+ travaux terrain Barrière et al. (2019)

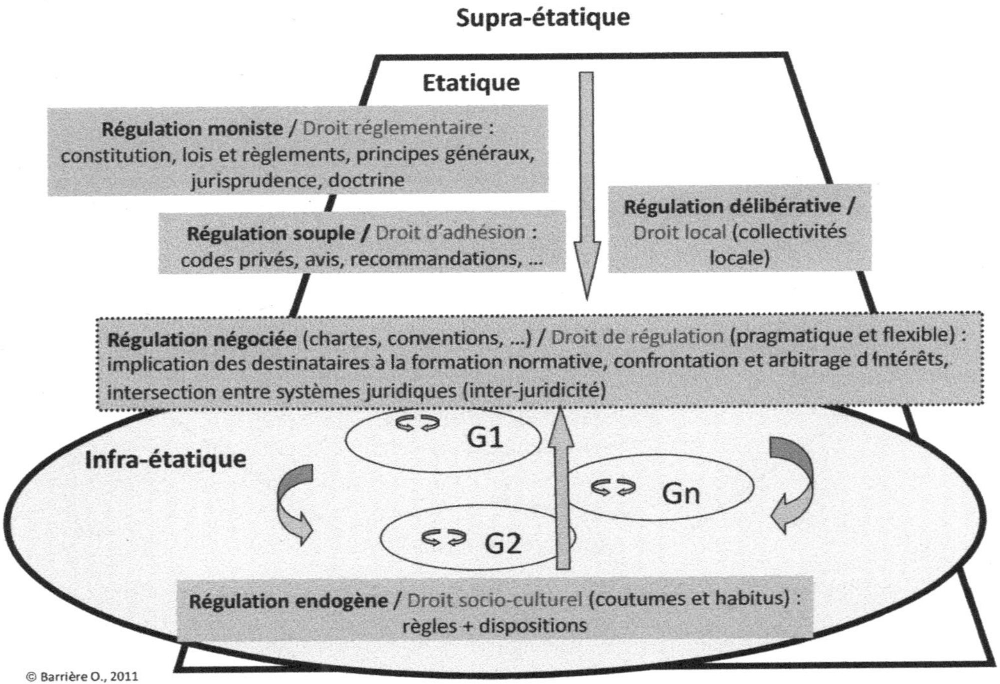
Supra-étatique
Etatique
Régulation moniste / Droit réglementaire : constitution, lois et règlements, principes généraux, jurisprudence, doctrine
Régulation souple / Droit d'adhésion : codes privés, avis, recommandations, ...
Régulation délibérative / Droit local (collectivités locale)
Régulation négociée (chartes, conventions, ...) / Droit de régulation (pragmatique et flexible) : implication des destinataires à la formation normative, confrontation et arbitrage d'intérêts, intersection entre systèmes juridiques (inter-juridicité)
G1
Infra-étatique
Gn
G2
Régulation endogène / Droit socio-culturel (coutumes et habitus) : règles + dispositions
© Barrière O., 2011

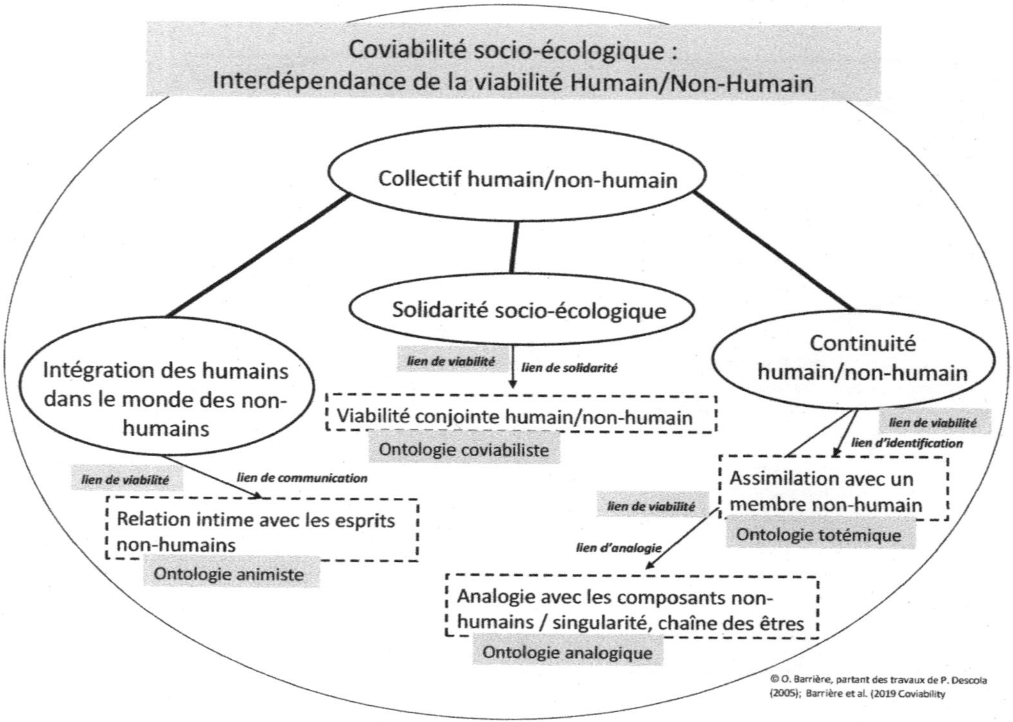

Coviabilité socio-écologique :
Interdépendance de la viabilité Humain/Non-Humain
Collectif humain/non-humain
Solidarité socio-écologique
Intégration des humains dans le monde des non-humains
Continuité humain/non-humain
lien de viabilité
lien de solidarité
Viabilité conjointe humain/non-humain
Ontologie coviabiliste
lien de viabilité
lien de communication
Relation intime avec les esprits non-humains
Ontologie animiste
lien de viabilité
lien d'identification
Assimilation avec un membre non-humain
Ontologie totémique
lien de viabilité
lien d'analogie
Analogie avec les composants non-humains / singularité, chaîne des êtres
Ontologie analogique
© O. Barrière, partant des travaux de P. Descola (2005); Barrière et al. (2019 Coviability

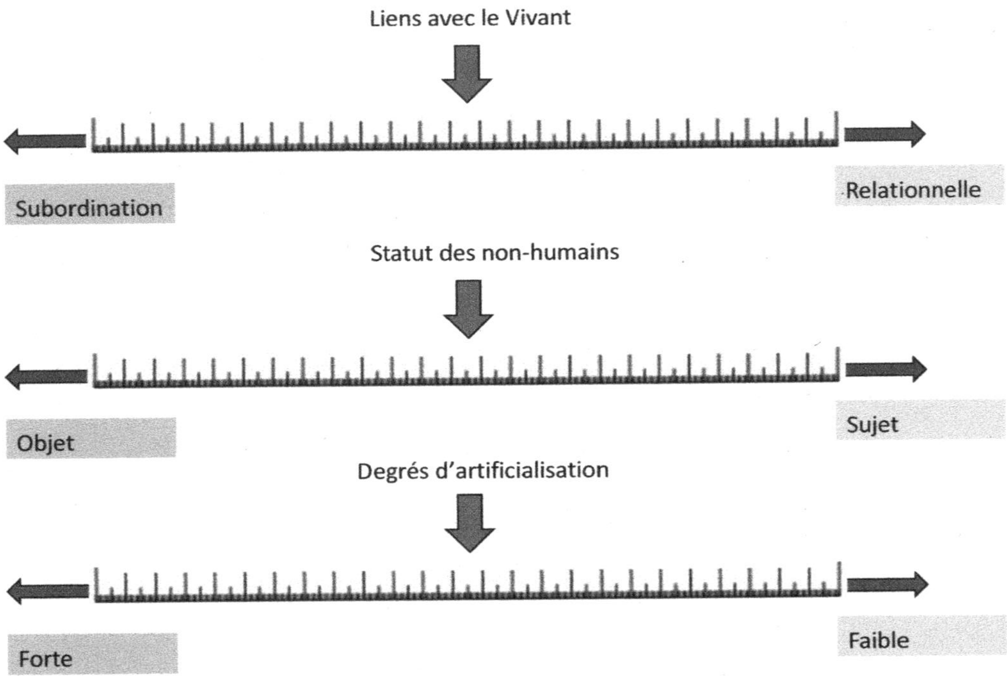
Liens avec le Vivant
Subordination
Relationnelle
Statut des non-humains
Objet
Sujet
Degrés d'artificialisation
Forte
Faible

Curseur de coviabilité : quel niveau de viabilité ?

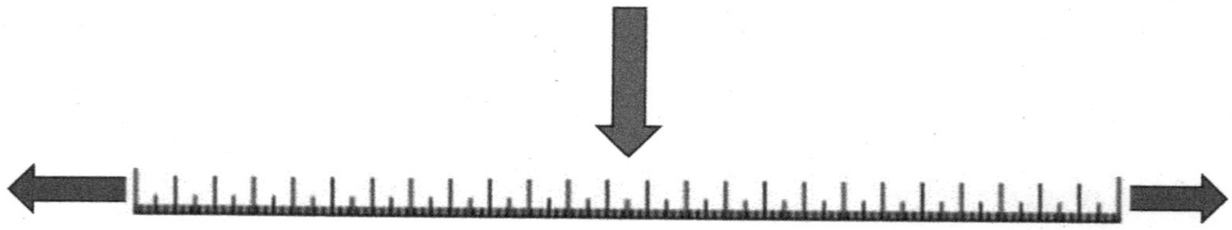

non viabilité

viabilité

Rapport de subordination et
de prédation (naturalisme)

Ontologies relationnelles :
partenariat et coexistence (liens de solidarité)

3 indicateurs majeurs

- liens avec le Vivant : subordination à relationnelle
- statut des non-humains : objet à sujet
- degrés d'artificialisation (préjudices des écosystèmes) : forte à nulle

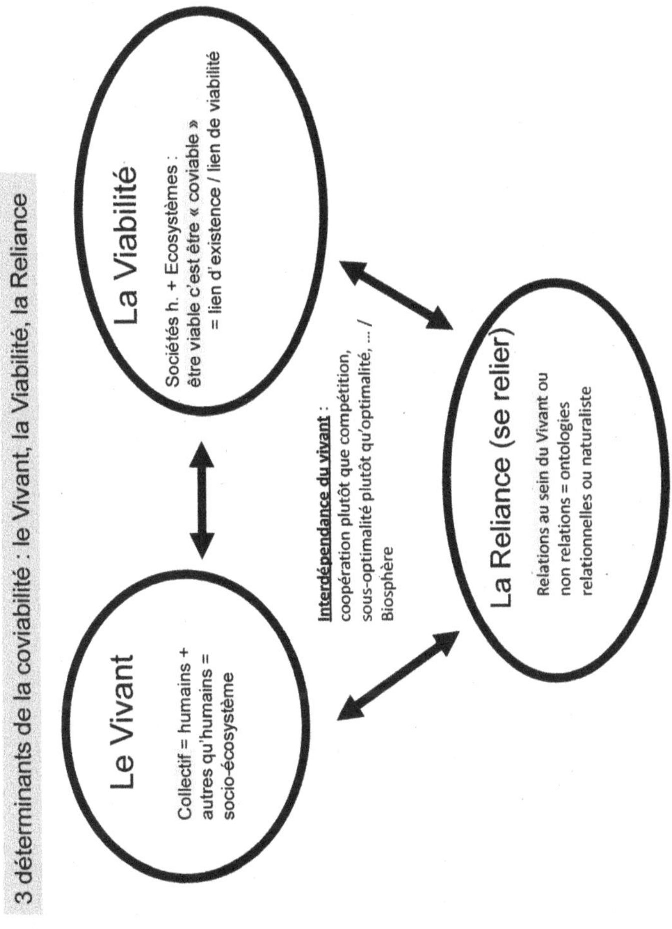
3 déterminants de la coviabilité : le Vivant, la Viabilité, la Reliance
Le Vivant
Collectif = humains + autres qu'humains = socio-écosystème
La Viabilité
Sociétés h. + Ecosystèmes : être viable c'est être « coviable » = lien d'existence / lien de viabilité
Interdépendance du vivant : coopération plutôt que compétition, sous-optimalité plutôt qu'optimalité, ... / Biosphère
La Reliance (se relier)
Relations au sein du Vivant ou non relations = ontologies relationnelles ou naturaliste

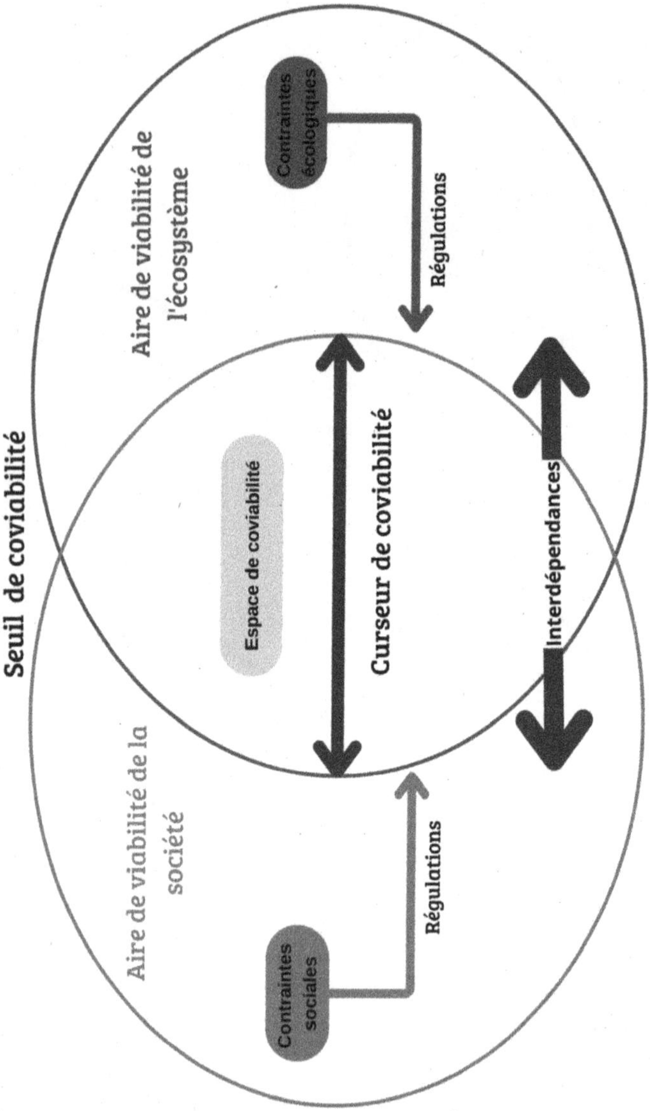
Seuil de coviabilité
Aire de viabilité de l'écosystème
Contraintes écologiques
Régulations
Espace de coviabilité
Curseur de coviabilité
Interdépendances
Aire de viabilité de la société
Contraintes sociales
Régulations

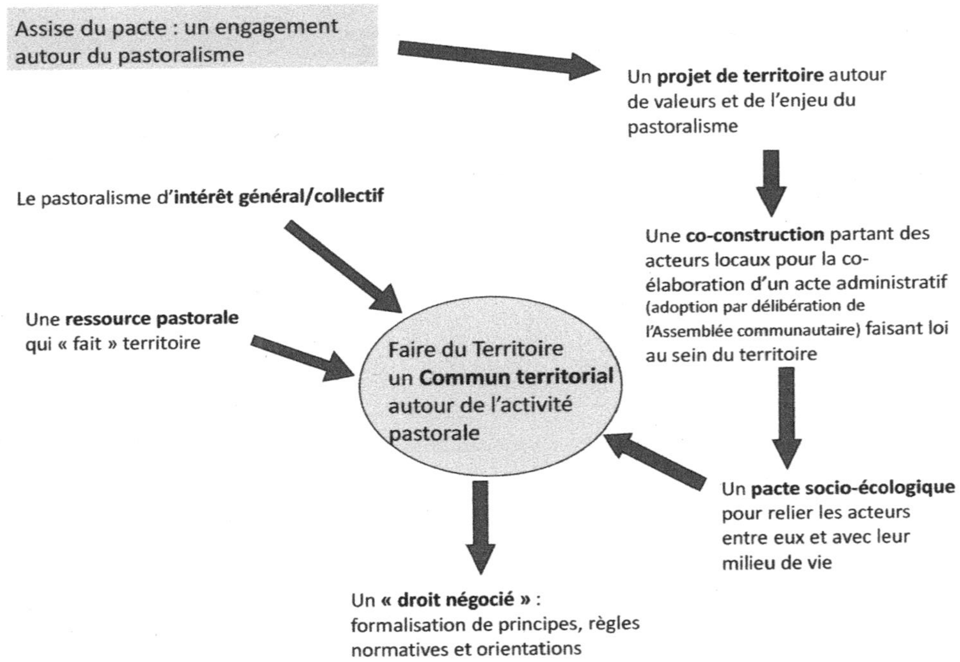
Assise du pacte : un engagement autour du pastoralisme
Un projet de territoire autour de valeurs et de l'enjeu du pastoralisme
Une co-construction partant des acteurs locaux pour la co-élaboration d'un acte administratif (adoption par délibération de l'Assemblée communautaire) faisant loi au sein du territoire
Un pacte socio-écologique pour relier les acteurs entre eux et avec leur milieu de vie
Le pastoralisme d'intérêt général/collectif
Une ressource pastorale qui « fait » territoire
Faire du Territoire un Commun territorial autour de l'activité pastorale
Un « droit négocié » : formalisation de principes, règles normatives et orientations

Une adoption

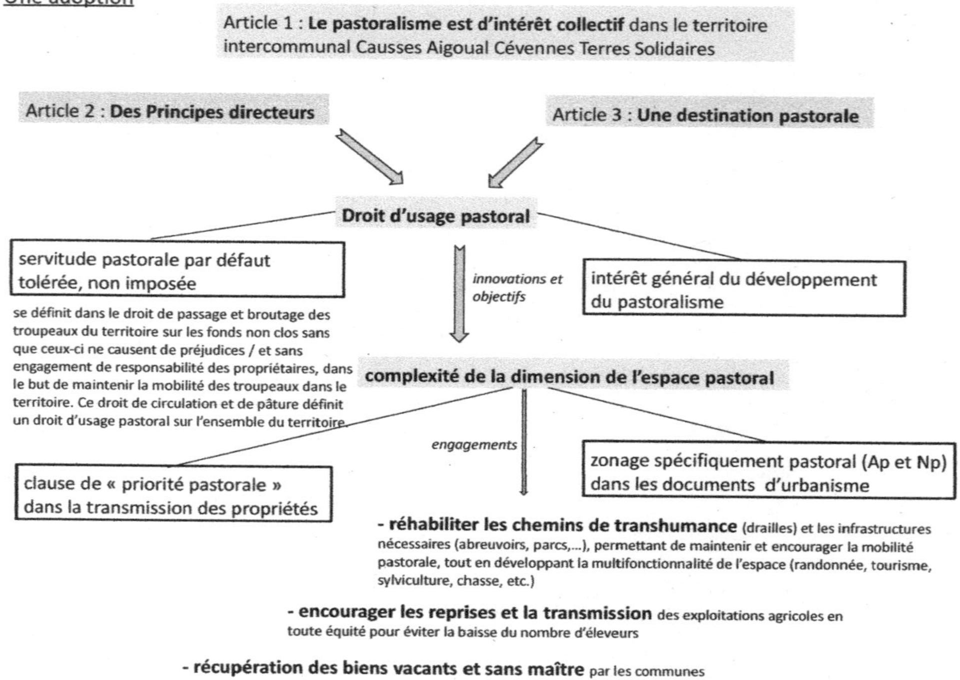

FRÉMEAUX & ASSOCIÉS
FRÉMEAUX & ASSOCIÉS TÉLÉVISIONS et DEIXIS présentent
Un film d'Alain Siciliano
L'ENTRETIEN : LE FILM - 4 HEURES
LE REGARD PHILOSOPHIQUE
PAROLES DE A à Z
EDGAR MORIN
Ce film de près de 4 heures est le grand témoignage incarné d'Edgar Morin. Cet entretien dirigé sous la forme d'un abécédaire, permet au philosophe de décliner et conjuguer sa pensée et de s'y révéler comme jamais. Le document audiovisuel le plus riche jamais publié sur la personnalité et sur le legs philosophique d'Edgar Morin – sans doute l'un des plus grands chroniqueurs de notre temps.
Patrick FRÉMEAUX

# EDGAR MORIN

## Le Regard Philosophique : Paroles de A À Z

UN FILM D'ALAIN SICILIANO (DOUBLE DVD)

Ce film de près de 4 heures est le grand témoignage incarné d'Edgar Morin. Cet entretien dirigé sous la forme d'un abécédaire, permet au philosophe de décliner et conjuguer sa pensée et de s'y révéler comme jamais. Le document audiovisuel le plus riche jamais publié sur la personnalité et sur le legs philosophique d'Edgar Morin – sans doute l'un des plus grands chroniqueurs de notre temps.

**Patrick Frémeaux**

Sociologue, philosophe, ancien résistant, directeur de recherches au CNRS, fondateur de revues, homme engagé et chaleureux, Edgar Morin est l'un des penseurs français les plus importants de son temps. Illustre de par le monde, ses livres sont traduits dans une trentaine de langues, et il est docteur honoris causa de dizaines d'universités. Son oeuvre multiple est commandée par le souci d'une connaissance ni mutilée ni cloisonnée, apte à saisir la complexité du réel et à nous préserver des savoirs illusoires – généreuse façon de nous garantir des catastrophes, en faisant tomber nos oeillères. A l'origine de ce portrait fut le projet de cerner comment cette pensée si diverse et ouverte sur le monde a émergé du parcours personnel de son auteur – un parcours d'une richesse rare. Dans cette perspective nous avons proposé à Edgar Morin d'évoquer les faits, les personnes, les événements qui selon lui ont été (directement ou pas) les embrayeurs de sa pensée : quelles confrontations, prises de conscience, résonances – issues de quels conflits, de quels enthousiasmes, de quelles catastrophes – ont été les éléments déclencheurs ? Ce qui frappe après coup, dans ces entretiens filmés entre 2009 et 2011, c'est la spontanéité du narrateur – sa voix, son calme, son sourire – et cette parole envoûtante, fluide et complice, qui semble tout rendre évident et nous emporte, captivés, sur des sentiers parfois vertigineux.

**Alain Siciliano**

Laurent Testot
Les forêts
Des forêts primaires
aux enjeux du XXIe siècle
FRÉMEAUX
& ASSOCIÉS

# LAURENT TESTOT

## Les Forêts

**« Une différence fondamentale nous sépare cependant, les arbres remontent les nutriments des profondeurs du sol, protègent et nourrissent les autres vivants, alors que nous, les humains, nous nous sommes fait une spécialité de détruire la vie. (...) »**

**Dominique Bourg (PUF)**

Pour comprendre les conséquences des enjeux climatiques, et les suggestions de préconisations tant pour la filière bois que pour les défenseurs de forêts sanctuarisées dont je fais partie, j'ai demandé à Laurent Testot de concevoir un livre historique et pratique sur les forêts depuis l'origine sur Terre, et ensuite plus spécifiquement nos forêts en France ainsi que d'inventorier les expériences pour anticiper les forêts de demain.

Ce livre s'adresse à tous les publics soucieux de notre environnement, à l'ensemble des forestiers de l'ONF ainsi qu'aux trois millions de propriétaires forestiers français puisque les forêts françaises sont privées à 75 %. Laurent Testot a étudié l'histoire de la relation des forêts avec le climat et son interaction avec l'homme. Il nous livre une enquête sur les nouveaux essais tentés par la recherche publique ou les initiatives privées ou citoyennes pour tenter de conserver et adapter ce bien commun.

**Patrick Frémeaux**

Laurent Testot est un journaliste scientifique et essayiste français. Spécialiste en France de l'approche historique globale, et plus spécialement des interactions entre humains et milieux sur le temps long, il est l'auteur notamment de l'essai Cataclysmes. Une histoire environnementale de l'humanité, qui a reçu le prix Léon de Rosen de l'Académie française pour la promotion du respect de l'environnement, et de l'atlas La Nouvelle Histoire du Monde. Il a dirigé plusieurs ouvrages en histoire globale.

# VLADIMIR JANKÉLÉVITCH
## Un homme libre – L'Immédiat, la tentation

**« Philosopher revient (...) à se comporter à l'égard de l'univers et de la vie comme si rien n'allait de soi. »**

**Vladimir Jankélévitch,**
***La Mauvaise conscience***

**« (...) Philosophe des limites et des confins (...). Cette démarche implique une rupture avec les philosophies d'encadrement... ces prêts à penser qui sécurisent car ils enveloppent le tout dans une vision globalisante et close. »**

**Françoise Schwab**

Le XX^e^ siècle a été marqué par deux guerres mondiales qui ont profondément influencé la pensée intellectuelle. Parmi les figures éminentes de cette époque, cinq noms se distinguent : Bergson, Bachelard, Camus, Sartre et Jankélévitch. Vladimir Jankélévitch, professeur à la Sorbonne, se démarque comme un théoricien de la morale et de la politique, ainsi qu'un éminent musicologue. Cet ouvrage synthétise un large éventail de sujets, depuis l'histoire des idées de Platon et Bergson jusqu'à la musique des compositeurs tels que Debussy et Chopin, mais aussi des concepts fondamentaux tels que la mort et l'existence.

L'intérêt de publier une transcription de ses cours ou fragments de cours réside dans le fait qu'elle offre une introduction accessible à son oeuvre philosophique. Les lecteurs ont ainsi la possibilité d'explorer son travail de manière aisée et immersive, tout en bénéficiant de son style verbal captivant et de sa profondeur intellectuelle.

Les commentaires de Françoise Schwab, Christine Goémé et Édith Zha circonstancient l'univers intellectuel de cet érudit polyvalent, permettant au lecteur de saisir pleinement l'importance de sa contribution à la pensée du XX^e^ siècle.

**Patrick Frémeaux**

FAL8970 – 240 pages

« Le 19 avril 1980, une foule immense, silencieuse, accompagne le convoi funèbre de Sartre jusqu'au cimetière du Montparnasse, à Paris. Derrière Simone de Beauvoir, en tête de cortège, plus de cinquante mille personnes sont venues rendre un dernier hommage au penseur français le plus célèbre au monde. Comment expliquer sa notoriété, comment mesurer aujourd'hui l'impact de la pensée et de l'écriture de Sartre dans la société actuelle ? Considéré comme le "dernier des classiques" pour les uns, célébré comme le "premier des modernes" par les autres, Sartre intrigue, fascine autant qu'il dérange et perturbe. »

**Aliocha Wald Lasowski**

Chef de file du mouvement existentialiste et auteur de son manifeste, « L'existentialisme est un humanisme » (1946), Jean-Paul Sartre (1905-1980) est l'auteur entre autres de L'Être et le néant, La Nausée, Les Mains sales, Huis-clos et Les Mots. Il exerçe une grande influence sur la vie intellectuelle et politique du second XX^e^ siècle. Figure par excellence de l'intellectuel engagé – de tendance marxiste –, il défend ardemment la cause anticoloniale.

Et pourtant cet homme-monument clive les philosophes, historiens et le public. Il est pour certains le penseur des bourgeois et pour d'autres le théoricien de l'anti-totalitarisme qui oubliera d'en appliquer les principes. Aliocha Wald Lasowski propose une biographie critique mais juste et contextualisée de celui qui a dominé la pensée pendant la seconde moitié du XX^e^ siècle.

**Patrick Frémeaux**

Aliocha Wald Lasowski est un enseignant-chercheur en philosophie politique à Sciences Po Lille au sein du master philosophie, politique et économie. Auteur de vingt-cinq livres, traduits en plusieurs langues, il est aussi essayiste et journaliste. Auteur de Commentaire de L'Enfance d'un chef de Jean-Paul Sartre, Gallimard, 2007 et Jean-Paul Sartre, une introduction, Pocket, 2011.

# EDOUARD JOURDAIN

## Maîtriser les conflits par les communs – Contribution à une théorie politique de l'anticipation et de la conjuration des guerres – Livre 200 Pages.

« Les communs sont des collectifs dont les parties ont la capacité de produire les règles qui les affectent, les préservant des privatisations ou prédations au profit de la coopération. En relations internationales, les sujets principaux des communs sont les peuples (nationaux, régionaux, autochtones) qui construisent eux-mêmes la paix, souvent sans l'État ou malgré lui. En ce sens la diplomatie des communs est à l'opposé de la diplomatie de Yalta. »

**Édouard Jourdain**

Par son analyse approfondie des méthodes de prospective appliquées à la prévention des conflits, Édouard Jourdain pointe les faiblesses de la discipline académique et pratique depuis ses origines avec Gaston Berger, après la Seconde Guerre mondiale, jusqu'aux approches modernes. Illustrant les échecs fréquents des prédictions dans ce domaine, notamment avec Lawrence Freedman, Édouard Jourdain met en lumière leurs insuffisances et développe une nouvelle approche par les communs, fondée sur l'intelligence collective et un renouvellement de la notion de démocratie. Offrant une perspective critique les capacités d'anticipation et de sortie de guerre, cet ouvrage constitue une réflexion cruciale pour tous les esprits concernés par les enjeux politiques de demain.

**Patrick Frémeaux**

Diplômé de l'EHESS, docteur en science politique et philosophie, Édouard Jourdain se distingue par ses recherches en sciences politiques. Celle qu'il nous livre ici est le fruit d'un travail postdoctorat de trois années à Polytechnique sur l'anticipation des conflits armés. Il intègre notamment une approche par les communs de la guerre en ce qui concerne à la fois leur capacité à renseigner sur sa possibilité dans un contexte d'incertitude et leur capacité à la prévenir grâce à des institutions renouvelant la notion de démocratie.

## EMMANUELLE MORAU

Deux histoires, une terre – quelles options pour une communauté de destin imposée ?
Livre 160 pages

« Il s'agira de réfléchir à la notion de territoire, à ce qu'elle suppose, à ce qu'elle engendre, ce à quoi elle oblige. Un territoire est délimité, régi et protégé. Ces trois notions n'ont jamais vraiment existé depuis la création de l'État d'Israël, transformant la cohabitation entre Israéliens et Palestiniens en face-à-face sécuritaire plutôt qu'en partage politique d'une terre. Il s'agira de rappeler certaines des étapes de la construction de ce huis clos mortifère, où le droit international a vainement essayé de pénétrer mais où il s'est heurté à sa vraie nature, une loi élaborée et pensée pour et par les dominants. Et où la sécurité l'a emporté sur la politique. (…) »

**Emmanuelle Morau**

La notion de protection soulève des questions poignantes : les Palestiniens, dépourvus de garanties, et les Israéliens, hantés par la peur d'une catastrophe imminente, vivent dans des états de vigilance contrastés. Ces conditions exacerbent les dynamiques d'annexion, de colonisation et le défi de la reconnaissance internationale. Emmanuelle Morau, en abordant ces enjeux, souligne la défaillance globale à reconnaître et protéger les droits fondamentaux des peuples, illustrée tragiquement par ce que l'occident nomme pudiquement le conflit israélo-palestinien. Ce livre pose le problème éthique de notre prise de conscience de l'échec d'une humanité à reconnaître équitablement tous ses membres. Il nous invite à réfléchir sur les possibilités de cohésion et de partage entre des peuples issus d'un bassin culturel et linguistique commun.

**Patrick Frémeaux**

Outre 10 années à l'étranger (États-Unis, Russie, Palestine, Iran…), Emmanuelle Morau s'est intéressée à l'actualité internationale dans les rédactions, comme dans les ONG. Après Courrier international, Libération ou la FIDH (Fédération Internationale pour les Droits Humains), elle est actuellement éditrice au magazine Jeune Afrique.

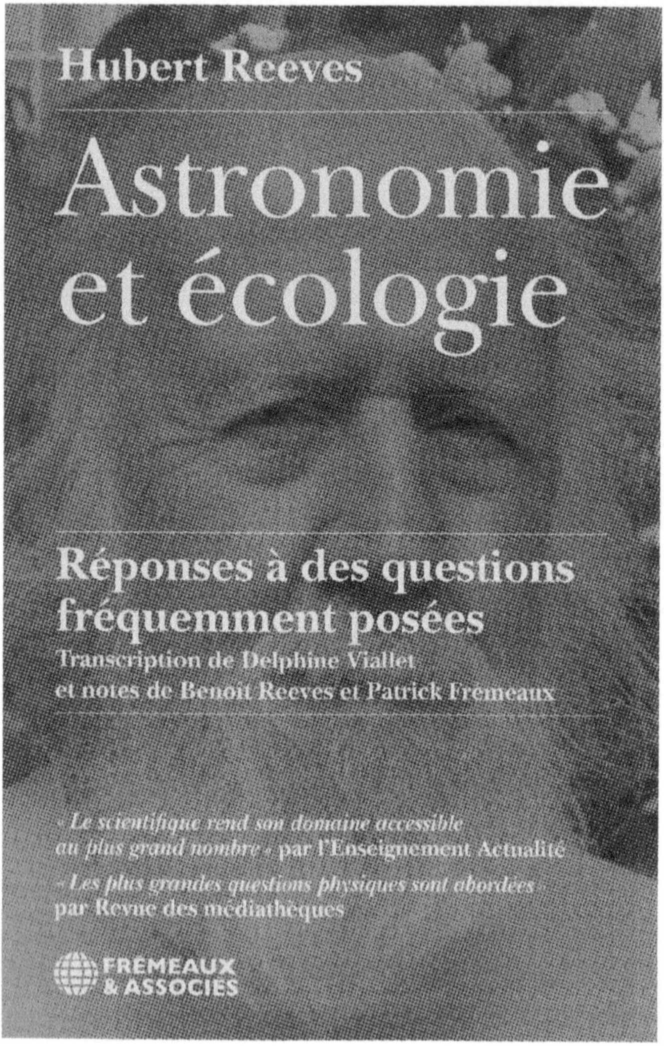
Hubert Reeves
Astronomie et écologie
Réponses à des questions fréquemment posées
Transcription de Delphine Viallet
et notes de Benoît Reeves et Patrick Frémeaux
« Le scientifique rend son domaine accessible
au plus grand nombre » par l'Enseignement Actualité
« Les plus grandes questions physiques sont abordées »
par Revue des médiathèques
FREMEAUX & ASSOCIES

## HUBERT REEVES
Astronomie et écologie

**« Les plus grandes questions physiques sont abordées »**

**Revue des médiathèques**

**« Cette forme de pédagogie à partir des interrogations en direct des auditeurs présente plusieurs avantages : d'abord de revenir sur certains points délicats des raisonnements (...) ; Ensuite de permettre un nouveau découpage du sujet selon un angle différent de celui de la présentation elle-même (...) ; Et finalement de donner l'occasion de toucher à des aspects élargis des sujets considérés, en y intégrant des réflexions personnelles qui relèvent plus de "l'intime conviction" que de la rationalité scientifique. »**

**Hubert Reeves**

Connu du monde entier, Hubert Reeves est autant apprécié par ses pairs que par le grand public pour son engagement et ses qualités de transmetteur de savoirs. À la suite de ses nombreuses conférences de vulgarisation, Hubert Reeves a voulu, avec son fils Benoît, réaliser un enregistrement pédagogique des questions qui lui sont le plus souvent posées. On y retrouve toutes les questions physiques et métaphysiques ; le big bang, les trous noirs, les supercordes, un pulsar, un quasar, les enjeux écologiques, le réchauffement climatique, la possibilité de la vie extraterrestre, les univers parallèles, science et religion, l'histoire de l'univers a-t-elle un sens ?... Il offre en réponse un propos compréhensible par tous sur une science qui, pour l'appréhender, nécessite ordinairement une formation poussée. Hubert Reeves livre sa propre réflexion philosophique qui prend la forme d'une parole testamentaire éclairée.

Patrick Frémeaux

La mutation
écologique
BRUNO
LATOUR
ENTRETIENS
AVEC NICOLAS TRUONG
YAMI 2
PRODUCTIONS
arte
FRÉMEAUX
& ASSOCIÉS

# BRUNO LATOUR

À l'heure des mutations écologiques, de la remise en cause des idéaux de progrès continu et d'abondance, de la défiance à l'égard du savoir scientifique, la célèbre question tripartite d'Emmanuel Kant (Que puis-je savoir ? Que dois-je faire ? Que m'est-il permis d'espérer ?) semble recouvrer sa vertigineuse pertinence. Une question que le philosophe et sociologue des sciences Bruno Latour – en compagnie de Nicolas Truong – reprend en quelque sorte à son compte. À travers l'examen de son oeuvre personnelle et de ses travaux collectifs, il réinterroge la place de l'humain dans le monde, les conditions de possibilité de son existence et de production du savoir scientifique. Ces ultimes entretiens résonnent comme le testament philosophique de l'un des penseurs les plus féconds de notre temps.

**Christophe Lointier & Patrick Frémeaux**

CD1 : LE CHANGEMENT DE MONDE • CD2 : LA FABRIQUE DE LA VÉRITÉ • CD3 : LA PRATIQUE PHILOSOPHIQUE • CD4 : NOTIONS ET CONCEPTS.

PRODUCTION : YAMI 2 (DIRECTION DE PRODUCTION : CHRISTOPHE NICK) / COÉDITION : ARTE
RÉALISATION : NICOLAS TRUONG ET CAMILLE DE CHENAY
ÉDITORIALISATION SONORE : CHRISTOPHE LOINTIER

Patrick Tort
Darwin
Une théorie
de la civilisation
De la sélection naturelle
à la sympathie universelle
«Darwin (...) a identifié la civilisation aux devoirs de reconnaissance de l'autre et de protection des plus faibles.» Mythologie (s) magazine
«Le fondateur d'une écologie scientifique qui démontre que les écosystèmes fonctionnent autant sur l'entraide que sur la compétition.» France Inter
FRÉMEAUX & ASSOCIÉS

# PATRICK TORT

« Ce sont ceux qui savent peu, et non ceux qui savent beaucoup, qui affirment aussi catégoriquement que tel ou tel problème ne sera jamais résolu par la science. »

**Charles Darwin**

amais Darwin, penseur de la survie par la transformation, n'a été autant sollicité que depuis que les sociétés les plus dominatrices ont sourdement compris qu'elles ne survivront pas sans transformer profondément leur rapport aux autres ainsi qu'à la nature.

Car Darwin n'est pas seulement le génial concepteur de l'explication des modifications du monde vivant par la sélection naturelle. Il est aussi l'homme qui a congédié le dogme de la Providence, établi la morale sur des bases strictement immanentes, posé les fondements d'une écologie scientifique, combattu l'esclavage, démontré la capacité fondatrice des migrations, et identifié la civilisation aux devoirs de reconnaissance de l'autre et de protection des plus faibles.

À la fois philosophe, historien et théoricien de la connaissance, Patrick Tort, à travers les travaux encyclopédiques qu'il a consacrés au père de la théorie moderne de l'évolution, a ouvert la voie à une puissante refondation des études darwiniennes sur la base d'une analyse minutieuse de l'œuvre et de la pensée intime du naturaliste.

**Claude Colombini et Patrick Frémeaux**

Philosophe, linguiste, historien des sciences et fondateur de l'Institut Charles-Darwin international, Patrick Tort a consacré une vingtaine d'ouvrages à Darwin, dont le Dictionnaire du darwinisme et de l'évolution (lauréat de l'Académie des sciences), et dirige la traduction complète des Œuvres de Darwin aux éditions Slatkine et Champion.

JEAN-CLAUDE ROCHÉ
AUDIO-NATURALISTE
Dialogues avec
Bernard Fort et les oiseaux
FRÉMEAUX
& ASSOCIÉS

# JEAN CLAUDE ROCHÉ
## Audio naturaliste, Dialogue avec Bernard Fort et les oiseaux

À l'heure du questionnement sur le retour à la nature et de la prééminence des enjeux écologiques, ce coffret propose pour la première fois un entretien avec le plus grand audio-naturaliste français ; Jean-Claude Roché, mis en perspective avec les extraits sonores de chants d'oiseaux et de biotopes, qu'il a collectés tout au long de sa vie. Réalisé par Bernard Fort, fondateur du GMVL, cet entretien de plus de 3 h 30 revient sur le parcours de ce passeur virgilien des sons de la nature : de sa rencontre avec le compositeur Olivier Messiaen, de la publication du premier disque sur les oiseaux de Camargue qui allait obtenir le Grand Prix du disque de l'Académie Charles Cros, jusqu'à la réalisation de plus de 150 enregistrements dans des milieux différents, de guides d'espèces et d'ambiances, et enfin la création du CEBA qui allait devenir l'esprit de l'école audio-naturaliste française. Cet entretien illustré est le véritable manifeste de l'un des plus grands ambassadeurs du témoignage écologique sur la beauté du vivant.

**Patrick Frémeaux**

## DOMINIQUE BOURG, JEAN JOUZEL, HERVÉ LE TREUT

### Le devenir du climat

HISTOIRE ET PROJECTIONS,
DÉRÈGLEMENTS CLIMATIQUES ET SOCIÉTÉ.

Le GIEC a été une réussite scientifique pour démontrer un réchauffement climatique sans précédent, mais un échec politique radical à convaincre la société civile et les politiques.
Ce cours sous forme d'entretiens réunit Dominique Bourg, le philosophe de l'environnement, Jean Jouzel, le paléoclimatologue Vice-Président du GIEC jusqu'en 2015, et Hervé Le Treut Climatologue spécialiste de la simulation numérique pour répondre aux questions suivantes :
Qu'est-ce que le climat en général ? Qu'est-ce qu'un modèle climatique ? Comment le construit-on ? Combien de chercheurs, combien de temps ? Quels réajustements une fois le modèle construit ? Combien de modèles fonctionnent désormais au monde ? Depuis quand ? Comment les utilise-t-on ? Comment utilise-t-on leurs différences pour dégager des projections solides ? Quel bilan peut-on dresser de cinquante ans de modélisation climatique ? Quel est la part de la psychologie et de l'idéologie du chercheur dans sa présentation des phénomènes ? Que dire des attaques négationnistes et des lobbies industriels climatosceptiques ? Qu'est-ce qui est d'ores et déjà irréversible, qu'est-ce qui ne l'est pas ?
Autant de questions essentielles et fondamentales auxquelles tentent de répondre le philosophe et les deux grands spécialistes du GIEC en se questionnant sur l'histoire puis en se tournant vers l'avenir.

**Claude Colombini et Patrick Frémeaux**

CD1 : HISTOIRE DES SCIENCES DU CLIMAT • CD2 : DÉRÈGLEMENT CLIMATIQUE ET SOCIÉTÉ • CD3 : QU'EST-CE QUI NOUS ATTEND ?

UN COURS PARTICULIER DE
GRÉGORY QUENET
UNE COLLECTION FRÉMEAUX & ASSOCIÉS
PRESSES UNIVERSITAIRES DE FRANCE
LA PENSÉE ÉCOLOGIQUE
HISTOIRE PHILOSOPHIQUE DU RAPPORT DE L'HOMME À LA NATURE
3CD AUDIO
COMPATIBLES TOUS LECTEURS
FRÉMEAUX & ASSOCIÉS
puf
Collection produite par Claude Colombini Frémeaux
en collaboration avec Paul Garapon

# GRÉGORY QUENET

## La Pensée Écologique – Histoire philosophique du rapport de l'Homme à la Nature

Les Presses Universitaires de France et Frémeaux & Associés proposent cette histoire philosophique de la pensée écologique, analysée et expliquée par Grégory Quenet, professeur en histoire de l'environnement à l'Université Paris Saclay UVSQ, membre honoraire de l'Institut Universitaire de France et titulaire de la Chaire Laudato Si' du Collège des Bernardins.
Exister, pour une société humaine, ne signifie-t-il pas modifier son environnement ? Aménager, transformer, laisser des traces ? Le rapport de l'humanité à la nature est l'objet de dynamiques immémoriales de conquêtes et de frugalité, mais la prise de conscience de la fragilité du vivant auquel l'humanité appartient, et qui accompagne l'apparition de l'écologie comme objet de réflexion et d'étude, est très récente. Comprendre les enjeux qui sous-tendent, selon les cultures et les époques, les approches de l'écologie et de l'environnementalisme, permet de mieux nous armer pour répondre aux nouveaux paradigmes et défis auxquels le monde doit désormais faire face.

**Claude Colombini Frémeaux & Patrick Frémeaux**

CD 1 – L'ÉCOLOGIE DANS L'HISTOIRE LONGUE : QUEL MOT POUR L'ÉCOLOGIE ? • VARIATIONS CULTURELLES DE L'APPROCHE DE LA NATURE • ARTICULER LES VALEURS À L'INTERNATIONAL • LE MYTHE ÉCOLOGIQUE ET LES SOCIÉTÉS PREMIÈRES • L'EXEMPLE DU BISON • DISCONTINUITÉS ENTRE NATURE ET CULTURE

CD 2 – L'ÉCOLOGIE DANS L'HISTOIRE COURTE : 1860, LES DYNAMIQUES ÉCOLOGIQUES • PREMIER ENVIRONNEMENTALISME ET « WILDERNESS » • L'AVÈNEMENT DE L'ANTHROPOCÈNE • ANNÉES 1970 : ENTRÉE DE NOUVEAUX ACTEURS • ANNÉES 1980 ET « DÉVELOPPEMENT DURABLE » • LES ANNÉES 2000

CD 3 – UNE HISTOIRE DES QUESTIONS ET DES ENJEUX ÉCOLOGIQUES : LES FIGURES AMBIGUËS : PAYSAGE, PATRIMOINE, VILLE • L'ILLUSION DU NATUREL : L'EXEMPLE CAMARGUAIS • LA QUESTION DU GENRE • APPROPRIATION ET MARCHANDISATION • L'ENJEU DES RESSOURCES • LIBERTÉ, DROIT INDIVIDUEL ET ABONDANCE • L'ÉCOLOGIE, UNE HISTOIRE CONSTANTE DE CHOIX.

Comment l'homme
a découvert son histoire ?
PETITE HISTOIRE DE LA PALÉOANTHROPOLOGIE
EN UN COFFRET DE 3 CD
Racontée par YVES COPPENS
FREMEAUX
& ASSOCIÉS

# YVES COPPENS

## Comment l'Homme a découvert son histoire ? Petite Histoire de la Paléoanthropologie

L'histoire de la paléoanthropologie racontée par l'un de ses plus grands acteurs. Yves Coppens, professeur au Collège de France et découvreur de Lucy, nous raconte l'histoire d'une humanité qui, jetant un regard en arrière, prend conscience du chemin qu'elle a parcouru. En apparaissant, la paléoanthropologie nous a offert une histoire bien plus longue et bien plus riche que celle imposée par l'Église. Depuis le XIXe siècle les fouilles se sont multipliées, les techniques sont devenues plus rigoureuses, les technologies mobilisées se sont perfectionnées. Le travail de générations de chercheurs, l'anthropologie moderne et les datations par isotopes ont permis de faire de nouvelles découvertes, mais surtout de les comprendre et de les replacer dans notre histoire commune, celle de l'humanité. Ce récit historiographique nous est raconté avec l'aisance et l'humour habituel d'Yves Coppens dans un ouvrage sonore accessible à tous.

**Claude Colombini Frémeaux**

CD1 : DÉCOUVERTES ET RÉCEPTION DE NÉANDERTAL ET D'HOMO ERECTUS (1829-1929) • CD2 : LES PREMIÈRES DÉCOUVERTES D'AUSTRALOPITHÈQUES DES ANNÉES 1920 AUX ANNÉES 1950 • CD3 : LA PALÉONTOLOGIE DES ANNÉES 1950 À AUJOURD'HUI.

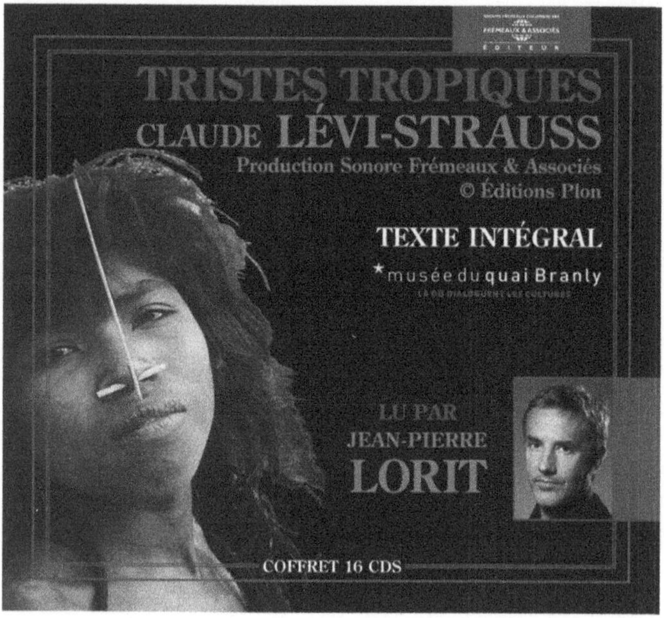
FRÉMEAUX & ASSOCIÉS
ÉDITEUR
TRISTES TROPIQUES
CLAUDE LÉVI-STRAUSS
Production Sonore Frémeaux & Associés
© Éditions Plon
TEXTE INTÉGRAL
musée du quai Branly
LU PAR
JEAN-PIERRE
LORIT
COFFRET 16 CDS

# CLAUDE LÉVI-STRAUSS

## Tristes Tropiques

Intégral en 16 CD audio.

« Je hais les voyages et les explorateurs », toute première phrase de l'ouvrage, affirme sans détour son rejet de l'exotisme comme porte vers le sensationnel. Il s'agit ici d'un voyage bien plus philosophique, retour sur les études de terrain qui ont formé son esprit d'ethnologue. Comment se positionner face à l'autre, face à des cultures aux structures si différentes ? Quelles sont les valeurs intrinsèques de l'Homme ? Sur quoi baser une société ? Tristes Tropiques permet de suivre l'émerveillement du jeune homme mais aussi le résultat des réflexions du scientifique après plusieurs décennies d'études ; et cette association si originale donne à l'oeuvre sa puissance si particulière.

**Lola Caul-Futy Frémeaux**

Ouvrage sans égal de l'ethnographie contemporaine, destiné à large public, Tristes Tropiques nous transporte. Au travers de la réalité quotidienne d'un jeune homme parti à la découverte de l'altérité des cultures, Claude Lévi-Strauss dépeint les émerveillements mais aussi les difficultés du voyage. Nous suivons avec passion le travail de l'ethnologue, ses réflexions et ses interrogations sur les tribus du Brésil et d'Asie auprès desquelles il vit pendant plusieurs mois, mais aussi sa mise en perspective des ressorts de notre société occidentale.
Claude Lévi-Strauss nous livre les clés intellectuelles pour la compréhension du monde, des civilisations. Son voyage philosophique questionne la place de l'homme dans la nature et notre rapport à l'autre.
La succession Lévi-Strauss et les Éditions Plon ont décidé d'offrir une version sonore intégrale du texte en confiant la production aux Éditions Frémeaux & Associés.
Enfin, le musée du Quai Branly qui n'aurait sans doute jamais existé sans la lutte contre les préjugés de Claude Lévi-Strauss, apporte aujourd'hui son soutien à cette oeuvre incarnée. Amoureux de la langue, Jean-Pierre Lorit rend l'intégralité de l'oeuvre accessible et fluide par une lecture pleine de sens et de rythme.

**Claude Colombini Frémeaux**

Production Sonore Frémeaux & Associés © Éditions Plon
Production : Claude Colombini au studio Kos & Co en accord avec les éditions Plon (Olivier Orban) et la Succession Lévi-Strauss avec le soutien de la SCPP.
Partenariat : Musée du quai Branly.
Droits : Frémeaux & Associés - Editions Plon

GERMAINE
TILLION
2 CD MP3 - 9H45MIN
IL ÉTAIT UNE FOIS
L'ETHNOGRAPHIE
Livre audio lu par Roselyne Sarazin
FRÉMEAUX
& ASSOCIÉS

# GERMAINE TILLION
## Il était une fois l'Ethnographie

Lorsque Germaine Tillion écrit « Il était une fois l'ethnographie », elle est alors au crépuscule de sa vie ; il s'agissait pour elle de revenir sur ses notes et travaux réalisés auprès de la population berbère de l'Aurès en Algérie, entre 1934 et 1940. Ces derniers devaient faire l'objet d'une thèse, qui n'a jamais pu voir le jour à cause de la Deuxième Guerre mondiale. Elle restitue ici son expérience de jeune ethnologue avec humour et un sens du récit unique. La comédienne Roselyne Sarazin parvient à retranscrire toute la force et l'espièglerie de ce texte.
Grande figure qui a traversé le XX^e siècle, Germaine Tillion (1907-2008) est une ethnologue et historienne au parcours hors du commun. Elle fut l'élève de Marcel Mauss, résistante dans le Réseau du Musée de l'Homme, déportée à Ravensbrück et engagée tout au long de sa vie en faveur du droit des femmes, des prisonniers et de la décolonisation. En entrant au Panthéon en 2015 pour son engagement pendant la Deuxième Guerre mondiale mais aussi pour l'importance de ses écrits, fonctions et prises de positions humanistes, Germaine Tillion est la première ethnologue à recevoir l'hommage de la Nation et, à ce jour, la deuxième femme scientifique après Marie Curie.

**Patrick Frémeaux & Christian Bromberger**


Durée : 9 h 45
DIRECTION ARTISTIQUE : ASSOCIATION GERMAINE TILLION

Composition couverture : Frémeaux – Image Ligne
Composition et mise en pages : PCA CMB
Impression et brochage : Imprimerie Print Book

Ce livre est imprimé sur Papier Munken Print White certifié FSC (Forest Stewardship Council) système de certification cofondé par le WWF (Fonds Mondial pour la Nature) assurant une gestion forestière durable, écolabellisé ECF (Elemental Chlorine Free) garanti sans chlore.

Frémeaux & Associés est cofondateur de Forêts et Campagnes d'Avenir ; Groupement Forestier et Rural Conservatoire et Expérimental de Protection du Vivant labellisant des actions écologiques : (Ceinture Mosaïque Verte, ORE Obligation réelle Environnementale pour favoriser la biodiversité, Édition de vulgarisation scientifique, Conversion biologique agro-viticole…) et propriétaire de bois, vergers et de forêts sanctuarisées. Forêts et Campagnes d'Avenir est un OSBL (Organisme sans But Lucratif)

FORÊTS et CAMPAGNES d'AVENIR
Groupement Forestier et Rural Conservatoire et Expérimental de Protection du Vivant

Numéro d'impression : 03.2025
Achevé d'imprimer mars 2025